U0274767

世界高层建筑史

高 的 历 程

〔日〕大泽昭彦 著　　郭曙光 洪利亭 译

南海出版公司

目录

序 言

在民主社会里，人们想到自己的时候，想象力会被压缩，但想到国家的时候，想象力就立刻无限扩大。因此，住在小房子里过着平凡生活的人，偶然要立公众纪念碑的时候，往往会想得非常宏伟。

——阿勒克西·德·托克维尔，

《论美国的民主》第二卷（上）

高层建筑已成为日常景观

今天，由高层建筑构成的景观已经司空见惯。无论在大都市还是中小城市，高层商务大厦和住宅小区都随处可见。

不过，高层建筑在日本得到普及，还是最近几十年的事情。

日本第一座超过百米的超高层大楼，是建成于 1968 年的霞关大楼，高度为 156 米（檐高 147 米）。其时东京已有了东京塔，京都、奈良也有五重塔等高大建筑。但实际上，1964 年前的东京，1970 年前的日本全境，普通建筑的高度一直被限制在 31 米以内。

经过之后四十多年的变迁，如今在东京都范围内，高度超过百米的大厦竟达 400 座之多（截至 2014 年 3 月末）。

这些林立的高层建筑带来了城市轮廓的变化。所谓"空间轮廓

（skyline）"，指的是以天空为背景映出的建筑物轮廓。

我工作的场所位于横滨郊区山岗上的一座高层大厦内，透过顶层的窗户极目远眺，遥遥可见东京市中心的空间轮廓。以西新宿的超高层大厦群为中心，涩谷、池袋、六本木及品川等地耸立的高层建筑对东京的空间进行了复杂的切割。中央是高度634米的东京晴空塔，一眼望去立刻就能确定，这是东京的空间轮廓。

"空间轮廓"原本指地表与空间的界线。这一概念最初形成于19世纪末，当时在芝加哥和纽约等地，摩天大楼的建设热潮方兴未艾，形成了现代高层商务大厦和高层公寓的雏形。

其实高大建筑物古已有之。

穿越历史，纵观高层建筑

纵观历史，世界上高层建筑的核心区一直在演变之中。古时候，美索不达米亚文明建造了宗教性质的巨型建筑——古巴比伦金字形神塔，古埃及文明则建造了金字塔，使得中东①成为当时高层建筑聚集的中心。进入中世后，该中心转移到欧洲。在那里，哥特式大教堂随处可见。19世纪末，高层建筑群穿越大西洋，北美地区进入了摩天大楼林立的时代。20世纪末之后，高层建筑核心区又转移到亚洲及中东地区。

换言之，世界高大建筑的核心区起源于中东，经过了五千年的斗转星移，绕地球一周后，再次回到了中东。虽然据考证，金字形神塔的高度只有90米左右，而今天阿拉伯联合酋长国首都迪拜的哈利法塔比它高出将近10倍，达到828米，人类甚至还在规划建造高度超过1000米的摩天大楼。

---

① "中东"又称"中东地区"，指西亚和北非的部分地区。作者在书中将西亚的部分中东国家与亚洲区分开来，以文字和图表、数据等形式展开论述。编辑时未做改动。

表 0-1 本书涉及的主要标志性高层建筑及其高度

高度（米）	建筑名称	所在地	高度（米）	完成时间
400 以上	哈利法塔	阿联酋迪拜	828	2010
	东京晴空塔	日本东京	634	2012
	世界贸易中心一号大楼	美国纽约	541	2014
	纽约世贸双子大厦	美国纽约	417（北楼）	1972
			415（南楼）	1973
200～400	帝国大厦	美国纽约	381	1931
	东京塔	日本东京	333	1958
	埃菲尔铁塔	法国巴黎	300※	1889
	阿倍野 HARUKAS	日本大阪	300	2014
	东京都政府第一办公大楼	日本东京	243	1991
100～200	科隆大教堂	德国科隆	157	1880
	华盛顿纪念碑	美国华盛顿特区	169	1884
	霞关大厦	日本东京	156	1968
	胡夫金字塔	埃及吉萨	147※	A.C.2540
	圣彼得大教堂	梵蒂冈	138	1593（塔顶）
	圣保罗大教堂	英国伦敦	110	1710
100 以下	国会议事堂	日本东京	65.45	1936
	东寺五重塔（第 5 代）	日本京都	55	1644
	东京站丸之内车站	日本东京	46※※	1914
	丸之内大厦（旧丸大厦）	日本东京	31	1923

※ 建设之初 ※※ 最高点

伴随着历史演变的不仅是高度，高层建筑的功能、建设者以及所有者也在随之变化。近代社会之前的所谓高层建筑，主要是国王的神殿、大教堂和清真寺等宗教设施，以及城郭内的主塔（日本称作天守阁）等军事设施，只有国王、教会及领主等权力阶层，才有实力建造此类建筑。进入现代社会后，资本家和企业成了推动高层建筑发展的主要动力，建筑的主题也转向商务大厦、小区住宅、电视塔以及观景塔等。

本书的目的

本书的目的可归纳为以下三点。

第一，追溯历史，回顾人类不同时代、不同地域建造的各类高层建筑。

第二，探寻人类建造高层建筑的动机，依据时代和社会背景，发掘高层建筑自身的意义和价值。

第三，通观高层建筑的历史，从建筑的高度洞察城市历史，进而探索由建筑代表的城市高度在城市中的意义。

本书将全世界高层建筑的历史分成六大部分，分别对每个时代进行阐述（第一章至第六章）。并在每个章节里，分别介绍相应时期的日本高层建筑。在末章中，从七个不同角度，归纳高层建筑的意义和价值。

全书以时间为线索，每章又相对独立，读者可根据自身兴趣选择阅读，也可将其作为了解高层建筑的入门书。

此外，"高层建筑"并非只有单纯的字面含义。在本书中，除了高层商务大厦和高层公寓，作者还将金字塔、大教堂、钟楼、天守阁、电视塔、观景塔等各种建筑（人工建造物）纳入其中，也就是将"有一定垂直高度的建筑"均视为高层建筑，请诸位读者理解。另外，为方便读者阅读，本书将高度超过 100 米的高层大厦，标明为超高层大厦或超高层建筑。

第一章　祭祀诸神的巨型建筑

——公元前 3000 年至 5 世纪前后

金字塔。图片来源：视觉中国

勇士们，在那金字塔的尖顶上，4000 年的历史在俯瞰着你们。

——拿破仑·波拿巴

妮娜·布雷，《拿破仑的埃及》

高层建筑是伴随着城市文明产生的。

美索不达米亚文明建造了祭祀城市神灵的巨型建筑——金字形神塔，古埃及文明则为法老建造了金字塔。这些建筑高大宏伟，与其说是高层建筑，不如说是巨型建筑更为贴切。这类巨型建筑对后来的大教堂、钟楼、电视塔及高层大厦等高层建筑究竟产生了多大影响？作为高层建筑的前史，本章首先要探寻的是巨型建筑的历史。

古代巨型建筑的产生，与当时城市居民的信仰有着密不可分的关系。农作物稳定的收成，促成了人类定居和人口的增长，进而产生了城市文明。然而，农作物收成的好坏，严重受制于洪水、干旱、暴风雨及严寒等自然灾害。在自然科学知识匮乏的时代，面对变化无常的大自然，人们束手无策，只得祈求神灵保佑。于是人们坚信，只有祈求神灵才会得到丰收的保障，从而逐渐形成了一系列宗教祭祀仪式。

负责主持这类宗教礼仪的人，被认为能和神灵沟通联络，从而被推举为执政者，负责国家的运转。执政者修建神殿等宗教建筑的目的，就是要让人们了解，唯有他才拥有与神灵沟通的渠道。所以人们普遍认为，这类建筑越大越正统。

本章将以古代东方（美索不达米亚、埃及）、古希腊、古罗马地区的地中海文明，以及日本的弥生至古坟时代为中心展开，进而探寻在各种各样的祭祀神灵的城市文明进程中，究竟建造了怎样的巨型建筑。

古代美索不达米亚的金字形神塔

首先，我们从被誉为文明起源的古代美索不达米亚的巨型建筑说起。

在希腊语中，美索不达米亚的意思是"两河流域"。顾名思义，美索不达米亚文明诞生于底格里斯河与幼发拉底河的中下游流域。当时，引入河水灌溉农田已经得到普及，给人们带来了稳定的收成，从而奠定了定居的社会基础。公元前5000年前后，这里开始出现定居点，而到了公元前3500年前后，定居点逐渐发展为城市国家。

对城市国家来说，农作物的丰产是头等大事。人们坚信，丰产是神的恩赐。在美索不达米亚诸神中，地位最高的当属"城市神"，作为城市的守护神而被人们顶礼膜拜。这一时期的神话传说认为，触怒诸神会导致天变地异。自然灾害的主要原因是人类违背了神灵的意志，最终受到神的惩罚。

于是，人们建造了顶端是神殿的阶梯形巨型建筑——金字形神塔，用来祭祀城市神。

金字形神塔乃"神灵的御座"和"通天之梯"

当时人们普遍认为，自己的劳作是神的旨意，对城市神的信仰是毕生的追求。同时，人们深切感受到来自城市神的保佑，对城市神无不顶礼膜拜。

国王是城市神的使者，为神建造神庙就成了他的天职。城市里建有各种各样的神庙、宫殿等宏伟建筑，其中最重要的就是金字形神塔。作为祭祀城市神的建筑，金字形神塔建在城市的中心位置。依靠城市神为后盾行使权力的国王，通过建造巨型宗教设施来展示自己的权威。

在亚述语中，金字形神塔是"天上的山"或"神灵的山"的意思。作为美索不达米亚文明的祖先，苏美尔人原本就生活在山地间，他们通常在山顶祭祀神灵。有观点认为，久而久之，金字形神塔就被尊为神圣的山。

位于金字形神塔顶部的神殿，即是祭司迎接神灵降临人间的场所，或者说，是成为祭司的人（神职人员）与神灵交流的场所。金字形神塔既是连接天与地的纪念性祭坛，也是人世间"神灵的御座"和"通天之梯"的象征。

巴别塔

历史上最大的金字形神塔是建造于巴比伦的"埃特曼南基"（苏美尔文音译，意为"天地之基的神塔"）。《圣经·创世记》中，它被写作"通天塔"（亦称巴别塔），让我们看看关于这座塔的传说。

> 他们向东边迁移的时候，在示拿地遇见一片平原，就住在那里。他们彼此商量说："来吧，我们要做砖，把砖烧透了。"他们就拿砖当石头，又拿石漆当灰泥。他们说："来吧，我们要建造一座城和一座塔，塔顶通天，为要传扬我们的名，免得我们分散在全地上。"耶和华降临，要看看世人所建造的城和塔。耶和华说："看哪，他们成为一样的人民，都是一样的言语，如今既做起这事来，以后他们所要做的事就没有不成就的了。我们下去，在那里变乱他们的口音，使他们的言语彼此不通。"于是，耶和华使他们从那里分散在全地上，他们就停工不造那城了。因为耶和华在那里变

乱天下人的言语，使众人分散在全地上，所以那城名叫巴别。

——《圣经·旧约·创世记》第 11 章 2-9 节

　　传说建造巨型通天塔是对天上神灵的亵渎，时至今日，人们始终被告诫不要对神有轻慢之举。《圣经》中有关于砖和石漆等建筑材料的记载，为巴别塔是金字形神塔的观点提供了佐证。

　　巴比伦的金字形神塔是在原有神庙的基础上改建的。这次改建始自新巴比伦王国创始人那波帕拉沙尔，尼布甲尼撒二世（公元前 604年至公元前 562 年在位）时期完成。黏土板文件中的楔形文字记载，建造金字形神塔是国王的使命。所以，新的神庙是给巴比伦主神马尔杜克的献礼。

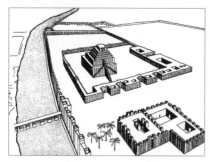

左上：乌尔·乌尔纳姆的巴比伦塔庙复原图。引自：斯皮罗·科斯托夫著，铃木博之监译，《建筑全史》（1990），住宅图书馆出版局，p.111

左下：巴比伦金字形神塔复原图。引自：贝蒂利斯·安德烈＝萨尔拜尼著，斋藤加久见译，《巴比伦》（2005），白水社，p.111

右：巴比伦第一王朝的金字形神塔复原模型（巴比伦博物馆藏品）。摄影：讲谈社

主神马尔杜克，以巴比伦之段状塔……七曜塔为天地之杰作，其底应下连黄泉之国，其顶应及天，令遵旨……故余烧砖以备。时大雨倾盆如注，自阿拉伏特运河载入沥青……（中略）余手执苇尺，亲测之……余为主神马尔杜克俯首，弃王侯荣耀之衣，置砖、土于首而亲运之。

——斯皮罗·科斯托夫，《建筑全史》

虽说"顶及天"，但遗迹中挖掘出的黏土板以楔形文字记载着每层的大小，共 7 层，每层高度相加达到约 90 米（表 1-1），底边为四方形，边长与整体高度大约相同，建在顶部的神殿为城市神马尔杜克的住所。

由于屡遭他国人侵，巴比伦受到严重的破坏，现有的金字形神塔无一保存完整。新执政者往往会捣毁被占领国的象征性建筑，以此作为显示威力的一种方式，历史上一直延续着这样的做法。

表 1-1 巴别塔的高度

	高度（米）	边长（米）
1 层	33	90X90
2 层	18	78X78
3 层	6	60X60
4 层	6	51X51
5 层	6	42X42
6 层	6	33X33
7 层	15	24X21
合计	90	

古埃及的金字塔和方尖碑

以巴别塔为代表的金字形神塔大多已不复存在，而埃及的金字塔是如今能见到的古代巨型建筑。在众多的金字塔中，最著名的要数法老胡夫那座高度超过 150 米的金字塔。拿破仑一世曾经这样说道："勇士们，在那金字塔的尖顶上，4000 年的历史在俯瞰着你们。"

在古埃及文明（公元前 3100 年前后至公元前 332 年）的长河中，法老（国王）不仅是至高无上的统治者，同时还被视为神的化身，是"连接神灵与人类的重要角色"（大城道则，《通往金字塔之路》）。于是，金字塔就成了一种象征，告知民众，法老是人与神灵之间的纽带。

"金字塔"一词源于希腊语的"方锥形"，原指方锥形面包。古埃及人将金字塔称为"上升"，因其高大且有阶梯，意指升天之地。也就是说，金字塔的高度极其重要，它与法老对祭祀神灵的信仰密切相关。

迄今为止，对于建造金字塔的初衷，普遍的观点是为神的化身——法老建造的坟墓。但这种观点也遭到了不少人的反对，理由是，有的金字塔内没有法老的木乃伊，有的法老一个人就建造了好几座金字塔。其实它的原型的确是法老的坟墓，人称"马斯塔巴"。

所谓马斯塔巴，就是用晒干的砖做成梯形结构，将其覆盖在地下的墓室上，搭建而成的一种竖井式的地下墓室。由此形成了像美索不达米亚金字形神塔那样的阶梯状金字塔，进而演变成后来的金字塔。

法老胡夫的金字塔

金字塔形建筑正式成型，是在法老斯尼夫鲁之子胡夫在位时期（公元前 2549 年至公元前 2526 年前后），其代表是建于吉萨台地上的三座大金字塔。

其中之一就是法老胡夫的金字塔，底边长 230 米，高 146.6 米（现高度为 138.75 米）。而日本第一座超过 100 米的高层建筑霞关大厦檐高 147 米，几乎与法老胡夫的金字塔等高。

为建造法老胡夫的金字塔，用去了大约 230 万块平均重量为 2.5 吨的石灰岩。据说在石材的搬运过程中，充分利用了尼罗河定期泛滥的河水。由于河水泛滥，浸水面积增大，石材得以借助木筏运抵工地附近，这也是采石场都分布于尼罗河沿岸的原因。在希罗多德的著作《历史》一书中，记载了这样的名言："埃及是尼罗河的恩赐之物。"这条大河不仅使大地变得肥沃，也为建造金字塔提供了便利。

建造金字塔不仅借助了大自然的力量，还汇集了当时最先进的测量技术和天文学知识。例如，大金字塔四边的长度分别为：东 230.391 米、西 230.357 米、南 230.454 米、北 230.230 米，各边长的误差只有几十厘米。而且，其四边正对东西南北四个方向，东侧边与正北方向轴的偏差仅有 0 度 5 分 30 秒。金字塔之美，是通过精确堆砌无数巨型石材体现出来的。

信仰太阳

古埃及人如何设计出金字塔这样的巨型建筑，又为何要建造这样的巨型建筑呢？

据说建造金字塔的原因与古埃及的宗教有不可分割的关系，真正的金字塔形状确定于第四王朝，恰逢信仰太阳的鼎盛时期。根据太阳信仰的解释，法老死后会被赋予永恒的生命，他将搭乘太阳之船，白天自东向西、夜间通过地下自西向东不断前行。金字塔包含着法老的一种愿望，即死后尽可能靠近太阳神，由此而产生了对高度的追求。

金字塔之所以呈方锥形，因为这种形状牢固稳定，还能最大限度地节约材料，在建造技术上合情合理。不仅如此，这种样式还体现出整个塔体面朝太阳的特点。在金字塔文（一种刻在金字塔上的祭文）中有这样的描述："阳光乃法老升天之斜坡道路。"即，金字塔的方锥形是"以石头表现阳光"及"使法老升天为神灵的一种装置"（K.杰克逊等，《图解大金字塔》）。

表 1-2 古埃及的主要金字塔

建筑名称	建造时间	高度（米）	底边长（米）	倾斜角度
美杜姆金字塔	法老胡尼（第三王朝）至法老斯尼夫鲁（第四王朝）	93.5	147	51度50分35秒
曲折金字塔	法老斯尼夫鲁（第四王朝）	105（设计高度为128.5）	188.6	43度22分(上部) 51度50分35秒（下部）
红金字塔	法老斯尼夫鲁（第四王朝）	104	约220	43度22分
胡夫金字塔	法老胡夫（第四王朝）	146.6[现为138.75(74)]	约230	51度50分40秒
卡夫拉金字塔	法老卡夫拉（第四王朝）	约143.5（现为136.4）	215.25	53度10分
孟卡拉金字塔	法老孟卡拉（第四王朝）	65至66	约103.4	51度20分

装点神庙的方尖碑

能代表古埃及的巨型历史遗迹并不只有金字塔。建造金字塔的热潮退去后，一种建在神庙里，名曰方尖碑的巨型石柱成了新的信仰象征。

左: 阶梯状金字塔。摄影: 讲谈社　**右**: 法老胡夫的金字塔。摄影: 樋口谅

所谓方尖碑, 是用一块岩石凿磨成的石柱, 柱体自下向上逐渐变细, 呈四棱形, 顶部如金字塔般为尖凸状。这种建筑被称为"小金字塔", 顶部用金箔包裹, 用以反射太阳光。

同金字塔一样, 方尖碑也和太阳信仰密切相关, 是供奉给太阳神的礼物。

自中王国时代至新王国时代 (公元前 2000 年至公元前 1000 年前后), 方尖碑的建造逐渐达到高潮。最初是单独建造, 后来形成了两座一组的原则, 放置于神庙塔门的前面。

卢克索神庙的方尖碑就是其代表之一。该碑是拉美西斯二世 (公元前 1279 年至公元前 1213 年前后在位) 扩建神庙时建造的, 放置于塔门前的拉美西斯二世巨型坐像前方。

两座一组的方尖碑起到了装饰神庙正面的门的作用。塔门本身已是一座门, 在其前方放置方尖碑, 可以将人们的视线引入门内, 令人肃然起敬。

平民百姓是没有资格通过塔门进入神庙的, 但他们可以欣赏刻在塔门壁和方尖碑上的那些称颂法老及神灵的碑文和雕刻。方尖碑借助一柱擎天的高度, 变身为法老向民众展示威力的纪念碑。

后来王国开始衰败, 并遭受罗马帝国的入侵。象征古埃及的方尖碑被当成战利品带回罗马, 成了装点城市的纪念碑。

卢克索神庙的方尖碑。© MITSUOAMBE/JTB Photo

前面说到的卢克索神庙的方尖碑，现在只剩下一根，另外一根于1819 年赠送给了法国，至今仍树立在巴黎协和广场中心位。而图特摩斯三世(公元前 1490 年至公元前 1436 年前后在位)时期建造的方尖碑，目前分别存放在伦敦、纽约及伊斯坦布尔。这些被外国掠走的方尖碑的情况，将在后面的章节里阐述。

巨型、高层建筑之都——古罗马

古埃及王国的国力衰败以后，古希腊逐渐成为地中海一带的中心。科学与文化基础雄厚的古希腊，在包含神殿在内的建筑领域，也创建了自己特有的体系。

希腊的建筑注重比例原则和装饰效果，因此并未出现类似金字塔或神庙之类的巨型建筑。以位于雅典卫城山顶上的帕特农神庙为例，虽然它是人们从任何方位都举目可望的地标性建筑，但其自身的高度并不突出。与其追求本身的庞大，希腊建筑更注重设计顺序以及把握人性化的标准。

紧接着，后来居上的古罗马成为第一大帝国，控制了整个地中海一带，并继承了希腊建筑的特点。

　　和古希腊一样，在共和时期，罗马的建筑也是以把握人性化标准为中心的。然而，进入帝政时期后，随着以占绝对优势的军事力量为背景的版图扩张，首都罗马开始大规模建设富丽堂皇的宫殿、公共广场、神殿、凯旋门等名目繁多的纪念建筑。伴随着罗马城人口的不断增加，给市民提供住宅的高层公寓因苏拉也应运而生。

表 1-3 古罗马时期的主要公共建筑

建筑种类	数量（备考）
凯旋门	40
公共集会场所	12
图书馆	28
长方形大会堂	12
大浴池	11
公共浴池	约 1000
神殿	100
名人的铜像	3500
黄金和象牙制的神像	160
骑马像	25
古埃及的方尖碑	25
青楼	46
水渠	11
沿街供水点	1352
战车竞技场	2（可容纳 40 万人）
圆形击剑格斗场	2（斗兽场观众席 5 至 7 万人）
剧场	4（庞培剧场有 2 万 5 千个座席）
模拟海战场	2（水中或船上格斗用人造水池）
运动竞技场	1（皇帝多米提安努斯的竞技场，有 3 万个座席）

万神殿

罗马第一代皇帝奥古斯都（公元前 27 年至公元 14 年在位）曾说："吾接手罗马时，该城乃砖瓦之城，然交出的乃大理石之城。"（青柳正规，《皇都罗马》）经过几代皇帝的持续建设，巨型建筑将罗马城内变得雄伟壮丽，成了罗马帝国繁荣的象征。

皇帝哈德良（117 年至 138 年在位）重建的万神殿就是其中之一，这是一座半球形屋顶的巨型神殿，高度达到 43.2 米。同古希腊人一样，罗马帝国也祭祀各方神灵，这座神殿的目的是让罗马得到各方神灵的保护，使其变为一个完美的世界。人们认为，混凝土使万神殿半球形屋顶的曲线完美地展现出来。毫无疑问，古罗马是世界上最早将混凝土用于建筑的人类文明。

凯旋门、娱乐设施

罗马帝国通过战争扩张领土，并为庆祝胜利建造了许多纪念建筑物，凯旋门就是其中之一。为称颂皇帝取得战争的胜利，要举行凯旋的仪式，皇帝亲自从门下通过。因此凯旋门独立建造，极具象征意义，并不和城墙相连。皇帝塞普蒂米乌斯·塞维鲁和君士坦丁大帝的凯旋门尤为知名，高度分别为 23 米和 21 米。后来，法国国王拿破仑一世规划并建造了 50 米高的凯旋门，本书将在第三章阐述。

说起胜利纪念碑，前述的古埃及方尖碑也可作为例子。皇帝奥古斯都获胜后，将那些方尖碑作为征服埃及的证物运回罗马，其中有的高度超过了 30 米。

罗马帝国的大型建筑不局限于政府和宗教设施，还包括公共浴场、竞技场、露天剧场、体育馆及圆形剧场等众多供市民消遣的娱乐设施。

椭圆形的罗马角斗场建于公元 80 年，其长径为 188 米，短径为 156 米，是一座可容纳 5 万人的巨型体育场。它的高度是 48.5 米，观

左: 斗兽场。摄影: 藤田康仁　右: 斗兽场附近的君士坦丁大帝的凯旋门。摄影: 讲谈社

众席的最顶层又增设木制座席, 实际高度达到 52 米。

古罗马是一座高层公寓密集的城市

　　帝政时期的罗马, 城市化进程推进得非常迅速, 城里不仅布满了雄伟的纪念建筑, 还聚集了大量的高层公寓。

　　随着罗马帝国的繁荣, 大量人口向首都罗马集中, 由于城内面积有限, 住宅自然而然地朝高层发展。公元前 3 世纪前后, 所谓的高层住宅也只有 3 层, 但为适应人口的增长, 住宅的高度也慢慢增加, 普通市民都生活在 6 到 8 层的高层公寓因苏拉中。

　　因苏拉的原意是 "岛", 意指街区。鳞次栉比的公寓连成一体, 一层为商铺, 其余每层都是独立的住宅。城里铺设有水管网络, 但由于没有水泵, 居民不得不去饮水站打水。

　　真正意义上的因苏拉始建于公元前 1 世纪前后, 皇帝奥古斯都在位 (54 年至 68 年) 时得到推广; 皇帝尼禄在位时, 罗马遭遇了一场大火, 因苏拉在大火后城市重建的过程中得到彻底普及。

　　据 2 世纪皇帝塞维鲁时代的土地台账记载, 塞维鲁时代末期, 共有 46602 处因苏拉, 独幢住宅仅有 1797 户, 由此可见, 高层公寓是当时罗马市民的主要居住方式。当时的演说家埃留斯·阿里斯提德斯曾经提醒: "如果所有住宅都降至地面的高度, 罗马立刻就会扩张到亚得里亚海里。"

1至2世纪，罗马人口约有110万，城市面积1783公顷，人口密度约为每公顷617人。如今，日本人口密度最大的地区是东京的丰岛区，为每公顷218.8人（2010年人口普查数据），仅相当于古罗马的三分之一。这就可以看出，阿里斯提德斯的话并非言过其实。

高层公寓带来的城市问题

由于罗马城内人口持续增长，建设公寓给土地所有者带来了稳定的收入，他们拥有多处因苏拉，将每座租给一名房客，房客又将房子转租给其他租房者。此外，金融界人士也投资因苏拉的建设，并从中获利。因苏拉又增添了投资对象这一特性。

对因苏拉的过度投资，推动了建筑物进一步向高层发展，同时也导致火灾和坍塌之类事故频发。在古罗马建筑师维特鲁威创作的《建筑十书》中，有关于其原因的记载：急速增长的人口需要大量的住宅，罗马城内有限的土地无法满足，只能靠增加建筑的高度来确保房屋面积。因此法律规定，建筑物墙壁的厚度要严格控制在45厘米以内，以此来换取宽敞的室内空间。然而，这一规定使建筑结构变得脆弱，最终引发坍塌事故。

多数因苏拉5层以下的外墙是采用在砖上涂抹混凝土的方法建造的；5层以上则采用木制结构，以减轻建筑物的负荷。木制部分的墙壁是用普通泥灰等耐久性差的材料制作而成，很容易产生龟裂，严重时则发生坍塌。此外，虽然减轻了高层的负荷，但由于无法支撑建筑本身的重量，坍塌事故仍时有发生。

除坍塌事故外，火灾事故也很频繁。

罗马属地中海气候，夏季干燥，易发火灾。一旦起火，火势经常蔓延至整条街巷。皇帝尼禄在位的公元64年，一场大火烧毁了城市的

高层公寓（因苏拉）的复原模型（罗马纳天空之城博物馆藏）。引自：斯皮罗·科斯托夫著，铃木博之监译，《建筑全史》（1990），住宅图书馆出版局，p.350

三分之一。对罗马这种大城市来说，火灾是极大的隐患。

　　皇帝奥古斯都采取了一系列应对火灾的措施，其中之一就是设立消防局。当时罗马有一个拥有 7000 名消防人员的庞大组织，由获得自由的奴隶从事灭火工作。火灾时，为防止火势蔓延，消防人员会拆除一部分建筑，开辟出空地，将连成片的建筑分隔开。

　　为确保因苏拉的耐受性和安全性，奥古斯都还对建筑高度实行了限制，规定罗马城内的私人建筑最高不得超过 70 罗马尺（约 20.65 米）。然而这还不够，在皇帝图拉真时期，又将限高下调到 60 罗马尺（约 17.7 米）。不仅限高，还要求设立庭院，并禁止使用木地板。

　　大火后重建城市时，皇帝尼禄重新修订区划，将道路加宽，还进一步规定了道路宽度的下限，同时要求建筑的高度必须控制在道路宽度的两倍以内。

　　为确保居室采光和居民观景的权利，古罗马立法也对建筑高度进行了限制。比如，土地所有者对建筑进行改造时，不得妨碍近邻的视野及采光。新建房屋时，不得阻碍邻居眺望大海的视线。

　　尽管如此，仍有很多建筑违规，其中不乏坍塌者。

　　1 世纪至 2 世纪前后，被称作"因苏拉美梦"的超大型因苏拉竣工，它因高度而闻名，曾与万神殿、马可·奥勒留纪念柱等一起成为罗马

的观光景点。虽然现在已经无法确定其实际高度，但一定是大大超过
了当时的限高。

亚历山大灯塔

在希腊走向衰败、罗马帝国尚未强大的间隙，埃及的亚历山大引
领了地中海文明。

亚历山大位于尼罗河西部的地中海沿岸，建于公元前331年亚历山
大大帝时期。在希腊城市特有的方格状规划中，配置了以缪斯神命名的
研究机构和图书馆，使之成为一座学术城市，并以此闻名于世。

"一座巨大、超巨大的城市！富足而高贵的城市！幸福而壮美的
城市！一座人人可心想事成的城市！"（达尼尔·隆多，《亚历山大》）
正如书中记载的那样，那时的亚历山大作为经济、文化及科技的中心，
达到了空前的繁荣。

游记中记载的大小

亚历山大灯塔建于公元前280年前后，作为城市地标，被列为世
界七大奇迹之一。时至今日，人们对它仍充满好奇，这座灯塔对后世
建筑也产生了深远的影响。

据记载，灯塔高约120米，白色大理石铺设在花岗岩和石灰岩的
表面。如今灯塔已不复存在，无法确定其实际高度及所使用的材料。
伊本·朱巴伊尔[①]于12世纪造访了亚历山大，通过他在游记中的描述，
便可得知灯塔有多么巨大。

---

①阿拉伯地理学家、旅行家、诗人。38岁时动身去麦加朝圣。《伊本·朱巴伊尔游记》
记录了他在旅途中的所想所感，是一本出色的游记作品。

亚历山大灯塔（效果图）。引自：弗朗索瓦·夏姆著，桐村泰次译（2011），《希腊文明》论创社，p.398

这座建筑古朴而坚固，高耸云霄，难以形容。一瞥难窥其全貌，无以尽述。述其全貌，困难重重，无以尽观。（伊本·朱巴伊尔，《伊本·朱巴伊尔游记》）

该灯塔建在亚历山大海的法洛斯岛上，名字也由此而来。灯塔的英语是"pharos（lighthouse）"，德语是"pharus"，法语是"phare"，它们的语源都来自法洛斯岛。

灯塔顶部装有灯具，以富含树脂的金合欢和红荆为燃料，通过反光镜向外投射光线，白天则反射聚集的阳光。据古罗马史学家弗拉维奥·约瑟夫斯说，灯塔的光线大约能照射到 300 施塔迪翁（约 54 千米）远的距离。

学术之城与大灯塔

当时，除了法老胡夫和法老卡夫拉的金字塔，没有其他高度超过 100 米的建筑。建造这样的巨型建筑需要很高的技术，缪斯学院和大型图书馆就是这种建筑技术的基点。

英语中的"博物馆（museum）"一词，正是来源于"缪斯（Muse）"。缪斯学院如同现在的大学，但不是教育机构，是完完全全的研究机构。

其中，大型图书馆收藏了 50 万册来自世界各国的书籍，古希腊的学者则利用这些充足的资料忘我研究。缪斯学院集中了最前沿的数学和科学知识。换言之，亚历山大灯塔是对缪斯的学者们聪明才智的赏赐，是象征亚历山大的建筑。"雅典因帕特农神庙而闻名，如同圣彼得大教堂代表罗马一样。在当时人们的想象中，法洛斯（亚历山大灯塔）就是亚历山大，反之亦然。"（E.M.福斯特，《灯塔集·黛妃山》）

不幸的是，这座灯塔屡遭地震破坏，最终在 14 世纪的两次大地震中彻底坍塌。

有观点认为，阿拉伯人是以亚历山大灯塔为样板建造伊斯兰教清真寺光塔（宣礼塔）的。这部分内容将在下一章介绍。

古代日本的巨型建筑

本书各章节的最后，会阐述一下同一历史时期日本的建筑情况。

在前文提到的时期，为适应农耕定居社会，日本也开始出现巨型建筑，绳文时代三内丸山遗址的大型掘立柱建筑，以及弥生时代吉野里遗址环濠集落的瞭望楼式建筑等，就是其中的代表。进入古坟时期后，更建造了巨型的前方后圆坟，以祭祀统治国家的君王和掌管地方的首领，其大小体现了日本以君王为中心的政治秩序和统治者的庞大权力。

前方后圆坟

到了弥生时代末期，各地首领的坟墓开始向巨型化发展，从 3 世纪中叶到 7 世纪初的前方后圆坟成为其代表。

顾名思义，所谓前方后圆坟，就是将圆形土丘与梯形土丘结合而

左：箸墓古坟。摄影：讲谈社　右上：箸墓古坟。摄影：著者　右下：大仙陵（传仁德天皇陵）。摄影：著者

成的古坟，俯瞰时，其平面形状如钥匙孔。

号称最古老、最大的前方后圆坟是箸墓古坟，全长280米，高约30米。这座古坟位于奈良三轮山山脚，据推算建于3世纪中叶。之后，各地陆续建造的古坟都遵循箸墓古坟的比例，但尺寸较小。

进入5世纪，前方后圆坟的建造得到进一步推广，有些坟堆长度甚至超过三四百米。其中，位于大阪府堺市的大仙陵古坟（传说是仁德天皇陵），长度486米，最高部分约35米，后面圆形部分直径249米，前面方形部分宽度达到305米。这座坟墓以最大的前方后圆坟而闻名，其大小远远超过了底边长230米的胡夫金字塔。

在古代中国，有些古坟的规模远远超过大仙陵古坟，比如公元前3世纪统一中国全境的秦始皇的陵墓。这座陵墓面积为350米乘以345米，高76米。据推测，其建造时的面积是485米乘以515米，高115米。即使以现在的高度去比较，也是大仙陵古坟的两倍多。

建造巨型坟墓的理由

为何要建造这样的巨型坟墓？

有观点认为，前方后圆坟的大小反映了国内的政治秩序。当时，铁是贵重资源，完全依赖从亚洲大陆进口。为获得铁资源，需要谈判、运输,首领之间还要形成以调控分配为中心的政治等级制度。换言之,获得铁资源这一政治秩序的实际表现形态就是前方后圆坟。

另一个理由是,前方后圆坟可以强调首领等当权者高高在上、区别于普通百姓的地位。首领坚信自己死后会成为神,并与神共同维护这种体制。前方后圆坟是为了神化逝者而建造的一种宗教设施(松木武彦,《何谓古坟》)。建造巨型坟墓,以实际形态表现了上一代首领的伟大之处,同时昭示现任首领是正统的继任者。

如今,这些前方后圆坟大多被树木覆盖,看上去如同小山丘。其形态不像金字形神塔或金字塔那样高耸入天,可以说是基于水平线建造的巨型建筑。它们不是靠石头砌成,而是堆土而建。为了建得更高,必须先将底部做大,同时向旁边扩展。因此,尽管大仙陵前方部分高度为 33 米,后圆部分高度为 35 米,约与 10 层大楼相当,但很难使人感觉如此之高。

话虽如此,它在当时也无疑是非常显眼的高大建筑。

刚建成的古坟并未被树木覆盖,古坟上铺的石块裸露在外,如同埃及金字塔,成了随处可见的地标性建筑。

进入 6 世纪,随着前方后圆坟的热潮退去,佛教自亚洲大陆传到日本,佛塔和大寺院的建设逐渐兴起。

第二章　塔楼的时代

——5 至 15 世纪

科隆大教堂。图片来源：海洛创意

人可以为大教堂而死，但不可为石材而死。（中略）人可以为"人类"之爱而死，只要他能成为"人类"这个"共同体"穹顶的基石。人只为自己奋斗的理想而死。

——圣·埃克苏佩里，《空军飞行员》

本书将欧洲的中世纪，即5至15世纪大约1000年的时间称为"塔楼时代"，其间，从欧洲到亚洲，建造了城堡塔、瞭望塔、哥特式大教堂、清真寺的光塔及佛塔等展现垂直效果的建筑。

基督教、伊斯兰教和佛教等新宗教的兴起，推动了"塔楼时代"向前发展，作为礼拜场所的大教堂、清真寺及寺院占据了城市的中心，这些新建筑勾画出了空间轮廓。高层建筑对新信仰的确立和普及发挥了重要作用。

除了宗教原因，建造这些塔楼还有军事上的需要。罗马帝国的崩溃导致权力分散、周边民族入侵或迁入，从而引发不断的争斗。于是，领主以及各地当权者为保护自身利益开始筑城，塔楼作为防御和军事据点备受重视。

建造塔楼离不开经济和技术的支持。9至11世纪后，大垦殖运动提高了农作物的产量。在此背景下，人口不断增长，城市得到复兴和发展，进而为塔楼建设提供了资金保障，并促进了建筑技术的提高。

追求高度就伴随着危险。这是一个不断追求新高度的时代，也是一个崩塌、倾倒、雷击等风险时有发生的时代。

中世纪的欧洲城堡

矗立在高地上的石头城堡，是中世纪欧洲巨型建筑留传至今的缩影。一座城堡通常由以下要素构成：睥睨四方傲然屹立的主塔（日本称作天守阁）、围绕城堡的护城河及城墙、沿城墙等距离设置的瞭望塔等。当然，并非到了中世纪才开始有城堡，古代东方和罗马早已有之。但是，在欧洲建造凸显垂直效果的主塔和瞭望塔，却是 9 世纪后的事。

西罗马帝国在 5 世纪崩溃后，虽然法兰克王国统一了欧洲，但到了 9 世纪却再次分裂，加上维京人（诺曼人）的入侵，局势始终不稳。各地的领主为保卫领地，建造了许多新城。

城堡的主要功能是军事要塞，除此之外，还兼有供领主及其家人居住、向领地百姓炫耀当权者的势力、展现对其他领主和诸侯的对抗意识等作用。在中世纪封建社会，城堡不仅是军事设施，更是将经济、司法及行政等多方面包含在内的权力中心。

土木建造的城市

中世纪欧洲城堡的原型，是 9 世纪后盛行的一种土木结构城塞，被称作"城寨"。其设计是在人工建起的山丘上围起木制防护栅栏，有的还会在山丘周围挖掘壕沟。

城寨的最高处设有被称作主塔的木结构建筑物。主塔具有供诸侯及家人居住、（战时）进攻据点、瞭望塔、储备库等多种功能。遭遇敌人攻击时，它成了领主及家人、家臣固守的防卫据点，有时也会请领地内居民进城避难。另外，沿防护栅栏还按一定的间隔设有塔楼，用于瞭望和进攻。

城寨的优点在于造价低廉，容易建造。它的建筑无须特殊技术，但在军事上能发挥一定的功效，因此在各地广为普及。

从木制到石制

进入 11 世纪，石制城堡开始替代木制城寨。英格兰的温莎城堡原本就是典型的城寨模式，最初修建的是木制塔楼，到了 12 世纪 70 年代的亨利二世时期，被圆筒形石制塔楼取代。

从防卫的角度来看，毋庸置疑，石制远远优于木制。之前未建造石头城堡，是费用和技术的问题。采掘石材比采伐树木需要更高的技术，如果使用沉重的石材，就需要耗费大量的劳力采掘、搬运，因此耗资巨大。相比之下，木材资源丰富，容易采伐，并且造价低廉，因此被广为采用。

表 2-1 中世纪欧洲各主要城堡的主塔（部分）

国名	建筑名称	建造时间	平面形状	主塔高度(米)	主塔层数
法国	库西城堡	约 1220 至 1240	圆形	约 54	4 层
	文森城堡	约 1337 至 1370	四角形※	约 66	5 层
英格兰	伦敦塔（白塔）	约 1078	四角形※※	约 27	4 层
	罗切斯特城堡	约 1130	四角形※※	约 35	4 层
	多佛尔城堡	约 1180	四角形※※	约 29	3 层
威尔士	卡那封城堡	约 1283 至 1323	多角形平面	约 36	/

※ 四角为圆形平面 ※※ 四角为四角平面

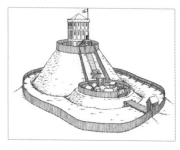

左: 城寨城堡示意图。引自: 马修·贝奈特等著, 浅野明监修, 野下祥子译 (2009),
《战斗技术的历史 2 中世纪篇》, 创元社, p.251
右: 温莎城堡。摄影: 讲谈社

　　然而, 11 世纪以后, 随着城市经济的发展和农业生产力的提高,
领主的财富不断积累, 使建造石制城堡变为可能。由于有向其他诸
侯炫耀自己的权力并震慑对方的效果, 原有的木制城堡逐渐被石制
城堡所代替。从 12 到 13 世纪, 建造城墙、塔楼和主塔时, 都开始
采用石制。

　　城墙和主塔不断加高, 防御功能得到增强。有不少主塔高度达
到了 30 米, 文森城堡的高度更是超过这些主塔的两倍, 高达 66 米。

　　推进城堡发展的主要原因, 是十字军从阿拉伯带回了筑城和攻城
的技术。最早的主塔平面形状为四角形, 后来, 阿拉伯人使用的圆形
塔传入欧洲。四角形塔容易被炮火击中, 而圆形可以缓解炮弹的攻击。
此外, 观察敌方时, 四角形容易产生视觉死角, 圆形则可以减少死角
的产生。

　　虽说优点很多, 但石制毕竟重于木制, 以往的人造山丘根本无法
承受石制主塔, 城寨难以存续。换句话说, 即使不建造人工山丘, 只
依靠城墙和主塔也足以御敌。

　　随着城寨的衰败, 主塔与城墙合二为一, 主塔本身站在了攻击的
最前线。将城墙与主塔建在一起, 还能减少建设费用。因此到了 13 世纪,

人们已基本不再单独建造主塔，兼备城墙和主塔功能的宏大城门逐渐成为主流。

为扩张领土筑城

如果领主想要扩张领土，或向臣下显示自身的权威，筑城是一种有效手段。

回溯木制城堡的时代，诺曼底公爵威廉一世（征服者威廉）的筑城便是一例。1066年威廉渡过多佛尔海峡攻入英格兰，并带去了可移动的木制城堡。他在英格兰境内共建造了84座城堡，其中一大半是城寨式城堡。其后，他的继承者建造的城堡更是达到数百座之多。

政权稳定后，统治者开始控制筑城数量。12世纪初期，威廉的儿子——英格兰国王亨利一世规定，任何人未经许可不得筑城，意欲通过限制无序筑城，巩固国王的统治。

有的法国国王为巩固自己的统治，甚至命令下属领主将城堡拆毁。

哥特式大教堂

11世纪后，石制城堡开始替代木制城堡，教堂也开始改建成石制。其典型就是哥特式大教堂。

哥特式大教堂诞生于12世纪中叶的法兰西北部（法兰西岛大区，包括巴黎在内的区域）。12世纪后半期到13世纪进入建设高峰期。到15世纪，已遍布欧洲各地。

哥特式大教堂的最大特点是强调垂直高度。"不拘泥于适度与匀称、稳定与合理，唯求更高"是其本质所在（酒井健，《何谓哥特式大教堂》）。其高度远远高于城堡，气势逼人，在勾画出中世纪空间轮廓的同时，也成为新时代城市的象征。

何谓大教堂

让我们探究一下何谓大教堂。

大教堂并不单指形态庞大的教堂。根据"主教典礼"的解释，大教堂是设有主教座席的教会。按人口每200人设一座教堂，此范围称作主教区。主教负责监督教区内的工作，包括祈祷、传教以及弥撒。于是，就有了负责管理几个教区的教会，即大教堂。大教堂管辖的区域大约相当于现在法国一个省的大小，不仅是主教权力的象征，也是信徒凝聚力的象征。

大教堂一词在法语中是"cathédrale"，意思是"有主教座席资格的"，是由形容词转化而来的名词。英语中的"cathedral"源自拉丁语中的"cathedra"，原本是出自希腊语的"kathedra"，是"座椅"的意思。据说这是因为大教堂是"有主教座椅的教堂"。此外，它在德语中称"dom"，在意大利语中称"duomo"，统统源于拉丁语的"domus"，即"家"的意思。也就是说，大教堂是上帝聚集子民（教徒）的家，即"上帝之家"。

大教堂作为"上帝之家"，是按照尽可能多容纳普通市民的标准建造的，拥有相当大的内部空间。大教堂不仅是信徒礼拜的场所，还常常用于集会、庆典、祭祀活动、聊天交流，甚至吃饭及睡觉等。在第一章谈及的金字形神塔和金字塔属于神圣场所，普通百姓不得入内，基本不具备供人进出的内部空间，与大教堂形成了鲜明的对照。

穹顶高度的竞争

作为"上帝之家"，大教堂彰显着上帝的至高无上。其耸立在城市里的雄姿似乎在告诫当时的人们，教会是上帝与人类之间唯一的桥梁，

索尔兹伯里大教堂。摄影：中井检裕

只有归顺教会，才能踏上通往天堂的捷径。为更好地从视觉上体现上帝的崇高，人们刻意去追求教堂的高度。

表 2-2 各主要哥特式大教堂的塔高一览表

所在地	建筑名称	建造时间	塔高（米）
法国	斯特拉斯堡大教堂	1176 至 1439	142
	沙特尔大教堂	1194 至 1220	北塔 115（1517 年重建），南塔 106
	博韦大教堂	1225 至 1569	153
英国	林肯大教堂	1192 至 1320	172
	索尔兹伯里大教堂	1220 至 1266	124
	旧圣保罗大教堂（第 4 代）	1087 至 1240	152（一说 164）
德国	科隆大教堂	1248 至 1880	157
	乌尔姆大教堂	1377 至 1890	161
比利时	安特卫普大教堂	1352 至 1592	123
奥地利	圣斯蒂芬大教堂	1359 至 1455	137

从前，非哥特式大教堂中殿的穹顶最高只有 20 米左右。始建于 1163 年的巴黎圣母院在改建后，高度达到了之前的 1.5 倍——35 米。

此后大教堂的高度不断被刷新：沙特尔大教堂高 36.5 米，兰斯大教堂高 38 米，亚眠大教堂高 42 米。穹顶的逐渐增高，意味着越来越靠近天堂。

12 世纪末至 13 世纪初，穹顶高度的纪录仍被不断刷新，但很快就到了极限。博韦大教堂将最初设计的 43 米变更为 48 米，开工 47 年后，1272 年主体竣工。它大约和东京站丸之内站的八角形圆顶（46.1 米）一般高。然而，竣工后仅仅过了 12 年，扶壁不堪穹顶之重，土崩瓦解。

这次事故后，围绕穹顶高度的竞争暂时告一段落，人们将注意力转向大教堂尖塔的高度。

塔楼的高度

大教堂的最高部分，是位于入口两侧的双塔，以及建在中殿与耳堂交会处的中央尖塔，这些尖塔成了在城外也能远远望见的地标性建筑。它们在蜿蜒狭窄的城市道路间时隐时现，成了指示中心位置的坐标。

不少大教堂的塔高超过了 100 米。

在哥特式大教堂盛行的 12 至 14 世纪，尖塔高度超过 150 米的有旧圣保罗大教堂（英国）、林肯大教堂（英国）和博韦大教堂（法国）。这些大教堂的高度均超过了第一章介绍的建设时高 147 米的胡夫金字塔。

其中，建成于 14 世纪的林肯大教堂的中央塔在当时最高，达到 172 米（一说 160 米）。

但由于石制的塔上覆盖包了一层铅的木制屋顶，1548 年遭遇暴风雨侵袭时，塔顶损坏，其后也未重建。

如前所述，由于无法承受穹顶的重量，博韦大教堂于 1284 年倒塌。大约 300 年后，人们又向着中央塔的高度极限发起挑战。1558 至 1569 年建造的中央塔高达 153 米，在林肯大教堂尖塔顶倒塌 20 年后，一跃成为世界第一高度。然而，由于竣工前就存在的结构缺陷，该中

巴黎圣母院。摄影：（左）讲谈社，（右）著者

央塔建成 4 年后也倒塌了。

尽管有倒塌的风险，依然有林肯和博韦这样为追求高度而建设的教堂，在中世纪的欧洲，可以说是狂热高塔时代的象征。

哥特式大教堂应用的技术

为了建造更高的哥特式大教堂，人们采用了崭新的建造技术，建造了肋式拱顶和飞扶壁。

在哥特式教堂之前，有代表性的教会建筑是罗马风格的修道院，它推动了早期教堂的发展。其基本建造方法是靠墙壁支撑整座建筑，即墙壁结构型。这种结构的特点是内部空间被厚厚的石块覆盖，略显昏暗。修道院是修道士祈祷的地方，具有"反省的场所"这种特性，所以会刻意营造幽暗、静谧的空间。

而在哥特式建筑中，肋式拱顶令柱子代替墙壁做支撑，还能留出此前不曾有的窗口。将彩色玻璃嵌入其中，光线就能洒进教堂内部，使其充满庄严的气氛。

对天主教来说，光线具有特殊的意义。所有天主教堂都是东西向建筑，入口在西方，祭坛则在东方，人们面朝太阳升起的东方做祷告。

飞拱
尖拱
小尖塔
肋拱穹顶
高窗
教堂拱门上的三拱式拱廊
扶壁
大拱廊
教堂中殿
走道

哥特式大教堂的结构。引自：马杉宗夫，《大教堂的宇宙观》，讲谈社现代新书（1992），p.100

对天主教而言，"光能消除恐惧，善良战胜罪恶，神灵铲除恶魔，永恒取代死亡，宣誓真实的胜利"。（乔治·杜比，《欧洲的中世纪》）

通过彩色玻璃传递光线，使教堂内部充满阳光。"彩色玻璃窗是将真正的阳光注入教堂的神圣书典，真的太阳是上帝本人，教会是信徒们的心。于是，这本神圣的书典照亮了信徒们的心。"（芒德主教·纪尧姆·迪朗之箴言，摘自帕特里克·德尔玛，《大教堂》）如上所述，大教堂发挥着引导信徒的作用，就像《圣经》一样。

尽管可以增加窗口，但柱子很难支撑全部石制穹顶，于是，利用建在外侧的扶壁，以及连接它与柱子的飞拱来加固，用飞扶壁承受建筑向外倾倒的力量。巴黎圣母院的穹顶之所以比之前高出 1.5 倍，就是得益于飞扶壁。

新技术的运用大大减少了石材的使用量，石材所占建筑容积的比率下降了 9%。重量的减轻使高度和采光得到了保障。

天主教的传播

增加大教堂内部空间高度还有一个原因，就是向不信仰天主教的城市居民传教。

当时的城市居民，多为来自农村的务工人员。1050 年前后，屡受粮荒之苦的北法兰西农民开始砍伐森林，开垦农田。这次大垦殖运动

左: 米兰大教堂的飞拱。摄影:中井检裕

右: 沙特尔大教堂北侧的飞拱。摄影:讲谈社

一直持续到 1300 年(据古气象学研究记载,11 至 13 世纪正值气温变暖,连年丰收)。9 至 13 世纪,农作物的产量提高了两倍,粮食状况得到改善。与此同时,农村人口持续增长,很多农民移居到城市求职。

来自农村的城市新居民,其信仰并非天主教,而是多神教,崇拜自然界之物为神。对他们来说,走进都市意味着"深深地怀恋失去的大树森林,益发憧憬母亲般的大地"(酒井健,《何谓哥特式大教堂》)。因此,天主教会建造象征大树森林般的哥特式大教堂,以此吸引居民。

赋予主教及国王权威

建造大教堂的背后,还暗含着主教和国王抬高自己权威的意图。主教的虚荣导致"同一国王领地内的主教之间产生敌对意识,进而引发了哥特式教堂的建造狂潮和大教堂的增加"(酒井健,同前书)。

建造大教堂,还非常有助于巩固国王的权力基础。建设过程中,国王很少直接出面参与,由主教负主要责任,配合恰到好处。

例如,法兰西腓力二世(尊严王)通过开设贸易通道,促进了主教座城市(有大教堂的城市)的经济发展,并使其成为国王的据点。与此同时,法兰西国王在大教堂举行加冕仪式已成传统。可以说,通

瑞士洛桑桑利斯圣母院内部图。摄影：讲谈社

过对大教堂政治意义的利用，"国王受命于神灵来管辖领土"的概念开始深入人心。

市民的竞争心理

哥特式建筑"诞生于城市，兴起于城市，提升了城市，俯瞰着城市，恰如城市之艺术"（雅克·勒高夫，《中世纪西欧文明》）。大多数哥特式大教堂建立在城市里，而且是发展中的城市。与远离聚居地的罗马风格修道院建筑不同，大教堂化为了城市时代的象征。

正因为大教堂是城市的产物，它也在城市间引发了围绕高度的竞争。

如果没有其他城市的信息，就不会有发自内心的竞争，正因有了竞争对象，才产生了要建得更高的欲望。

圣丹尼教堂是最早期的哥特式教堂之一（1966 年设置主教座席，成为大教堂），全国的大主教和主教都列席了该教会堂的献堂仪式，被从未有过的高度和亮度所震撼。可以想象，得知其他城市有如此庄严的大教堂，自然会激起主教们渴求更高教堂的竞争心理。

此外，在城市经济的发展中，通过贸易、人员往来及巡礼等宗教方面的交流，市民们也能了解到其他城市大教堂的信息，从而渴望自己所在的城市建造更胜一筹的大教堂。

超越其他城市的大教堂，除了豪华装饰，人们还致力于将中殿穹顶及塔楼做得更高。塔楼的高度是"没有实际目的的纯情感产物"，又是"人类的热望达到顶点时的典型表现"（亨利·亚当斯，《圣米歇尔山与沙特尔》）。

筹措建设费用

哥特式大教堂的规模庞大，装饰富丽堂皇，因此建设费用极大。国王不直接参与筹措资金，而是由主教全权操办。资金筹措方式有：发行免罪券、信徒捐款、巡展圣灵遗物（传说圣母玛利亚和基督穿过的衣服之类）募集捐款等，充分利用了市民的虔诚信仰。可以说，是市民建造了哥特式大教堂。前面说到，建造哥特式大教堂的原因之一就是城市居民的竞争心理，这种心理与虔诚的信仰融汇在一起，成为建造大教堂的原始动力。

但也有人反对这种利用信仰筹集资金的方式，认为"这是守财奴赚取的利息，是虚伪的把戏，是传教士的诡辩"（让·简佩尔，《建造天主教堂的人们》）。教会发行免罪券、允许滥用子虚乌有的圣灵遗物进行募捐的行为受到批判，这成了其后宗教改革的主要原因。关于哥特式大教堂与宗教改革的关系，会在后文说到。

塔楼之城——中世纪的意大利

12世纪开始风靡欧洲的哥特式大教堂，在意大利并未流行起来。众所周知，"哥特式"这个名字是文艺复兴时期的艺术家命名的，原本是一种轻蔑的称呼，意为"野蛮的哥特人建造的中世纪建筑"。虽然当时欧洲已经建成了巨型大教堂，但象征意大利的高层建筑，却是被称作卡萨托雷的塔状住宅、市政厅的塔楼和钟楼。

但丁将位于托斯卡纳的城堡城市圣吉米尼亚诺称作"美丽的塔

城"。"四种景象遍布锡耶纳:骑士像、淑女像、塔楼和钟楼。"(石锅真澄,
《圣母之城锡耶纳》)正如书本中描述的那样,塔楼是中世纪意大利最
具特色的建筑。

中世纪意大利的各个城市宛如一座座"塔楼之城",风景美不胜收。
塔楼其实也是贵族之间权力斗争的产物。

贵族间的争斗与塔状住宅

11 世纪以后,在意大利的北部和中部,由于农业生产扩大,工商
业随之发展起来。聚敛财富的封建领主和贵族等权力阶层开始在城市
里修建大型豪华住宅。为炫耀家族势力和荣耀,竞相建造高耸的塔楼。
12 世纪末,意大利的塔楼分布情况是:佛罗伦萨 176 座,圣吉米尼亚
诺 72 座,锡耶纳 50 至 60 座。

塔楼林立,其实还有军事防御的目的。当时城市中贵族间的争斗
已司空见惯,塔楼也成了发动军事进攻和防御的据点。遭受敌方进攻
时,贵族将其当作家族和用人的藏身之所。塔状住宅得到了广泛应用。

为防止塔楼成为进攻目标而遭到破坏,不同的家族会结成同盟,
战事来临之际,同盟中的家族可使用彼此的塔楼。

因此,在佛罗伦萨的政治斗争中,塔楼具有重要的意义。当时,
佛罗伦萨在政治上分为两派,一派是支持神圣罗马皇帝(腓特烈二世)
的皇帝派,另一派是支持罗马教皇的教皇派。前者主要由以前的封建
贵族(在农村拥有土地的骑士阶层)构成,后者则是以利用贸易和金
融发迹的新兴商人为主的市民阶层。

皇帝派 1248 年控制佛罗伦萨后,教皇派家族的 36 座塔楼遭到破
坏。然而,1250 年,皇帝派的靠山腓特烈二世驾崩后,教皇派卷土重
来,重新夺回控制权。他们以牙还牙,将皇帝派的塔楼和住宅彻底捣毁。
为杀一儆百,还将拆毁的残垣断瓦堆放在原处示众。

锡耶纳与佛罗伦萨的市政厅

教皇派控制的非封建阶层自治政府开始建造市政厅，并将其作为政府中心，市政厅内建造了象征自治政府的塔楼。例如，建造于 1255 年的行政长官公馆，将原有的高 57 米的乌罗尼亚塔变成了公馆的一部分。1314 年，又建成了高约 84 米的新市政厅——维奇奥宫。

同属托斯卡纳地区的锡耶纳是佛罗伦萨的竞争对手，为抗衡佛罗伦萨，锡耶纳于 1338 年开始了市政厅的建设。当时锡耶纳的评议员们对新市政厅做出如下决议：

> 城市的统治者和官员身居壮丽典雅的楼堂，无论从自治城市本身还是因公频繁来访的外国人的角度，都是关乎各城市名誉之事。对提高城市的威望意义重大。
>
> ——D.威利，《意大利的城市国家》

受该决议的影响，1384 年建成的市政厅塔楼高约 101 米，超过了佛罗伦萨的维奇奥宫。市政厅对面的田野广场不仅是进行祭祀和集会的场所，还承载着市民的精神寄托。市政厅的塔楼超过 100 米高，与田野广场相映生辉，共同营造出了象征锡耶纳的景观。

市政厅的塔楼上还装有机械钟表。机械钟表诞生于 13 世纪末，后来逐渐传播至意大利、德国、法兰西及英格兰，并在 14 至 15 世纪普及到了整个天主教世界。

在此之前，人们通过教会的钟声掌握时间，机械钟表的发明确立了以客观计时单位掌握时间的方法。时间也从教会钟声所代表的"神职人员的时间"变为了机械钟表报出的"俗世的时间"。钟楼象征着文艺复兴时期强调客观、科学地认识事物的精神。

上：圣吉米尼亚诺的空间轮廓。
摄影：大野隆造
下左：塔状住宅。
摄影：藤田康仁
下右：锡耶纳市政厅（曼吉亚塔楼）。
摄影：大野隆造

严格限制塔楼的高度

市民阶层自治政府掌握了权力后，开始着手对塔楼实施限制措施。

最早的一例是位于佛罗伦萨西南部的城市沃尔泰拉对塔楼高度的限制。根据 1210 年制定的法规，塔楼高度被限制在 25 布拉乔奥（约 15 米）到 30 布拉乔奥（约 18 米）之间，由行政长官负责监督执行情况。

在圣吉米尼亚诺，规定塔楼高度不得超过市政厅塔（旧厅高 50 米，新厅高 53 米），建塔楼时需提供一定金额以上的财产证明。13 世纪中叶博洛尼亚的法律规定，建筑物若超过神殿及法院高度，建造者会被处以罚金，并责令其将塔楼拆除。

鼎盛时期，佛罗伦萨林立着 170 多座塔楼。市民阶层掌握实权后，于 1250 年将塔楼高度限制为 50 布拉乔奥（约 30 米），超过该限制部分将被责令拆除。据 13 世纪的年表记载，当时很多塔楼高约 120 布拉乔奥（约 72 米），城市的高度被削减了一大半。

不过，前面提到的市政厅塔楼（维奇奥宫和马罗尼亚塔楼）不在限高范围内。

之后市民阶层下台，直到 13 世纪末再度执政，于 1325 年制定条例，继续执行 1250 年的限高规定，对违规者课以罚金，并责令其将塔楼拆除。建筑的高度，也被当权者左右。

这项限制的出台有预防坍塌的安全考量，但更主要的原因是权力斗争。市政厅塔楼作为城市的象征，严禁建造超出其高度的建筑，方能彰显政府的统治力。

塔楼与景观

中世纪城市的典型景象，是狭窄弯曲的道路加上拥挤不堪的楼房，以及混乱的街区。但到了 14 世纪，政府开始注重景观和规划，着手整治并制定规则。

例如，在锡耶纳田野广场周围，窗户的样式和建筑高度就受到了限制。佛罗伦萨也通过控制市政厅前（市政广场周围）的建筑高度，试图对广场景观进行改造。其根本意图是通过调整景观，凸显城市的威望。

就塔楼而言，如前所述，13 世纪之前统治者已对塔楼的建设及高度进行了限制，但 14 世纪以后，这类政策被废弃，塔楼成了构成景观的重要因素，甚至出台了禁止毁坏塔楼的条例。1342 年佩鲁贾制定的法律中就规定，塔楼是重要的美丽景观，必须予以重视。未经许可，严禁买卖和损毁。

之所以产生将塔楼作为景观要素的想法，据说是城市之间的对抗减少，塔楼作为防御的作用也相应减弱了。由于先前的建筑限制和破坏,塔楼数量也逐渐减少。应该说,曾象征军事力量和贵族权力的塔楼,作为地标性建筑得到了肯定。

从 11 至 14 世纪,中世纪意大利的空间轮廓——由建筑构成的空中轮廓与景观,自混沌不堪变得井然有序。这也可以说是观念的转变,人们开始以城市景观的核心建筑(地标性建筑)为中心,注重周边建筑与地标建筑的高度关系。

由此不难看出,文艺复兴后,以有序的高度构成的景观背后贯通了人的意志。这部分内容将在下一章阐述。

伊斯兰教的清真寺

与天主教同时扩张势力的还有伊斯兰教。在伊斯兰教的城市里,建有用于礼拜的清真寺。如果说天主教的礼拜堂是教堂,那么伊斯兰教的清真寺则与其地位相当。清真寺的光塔和圆顶既是一个地区的地标性建筑,又象征着宗教的权威。

何谓清真寺

相传 610 年前后,商人穆罕默德奉神的圣谕创立了伊斯兰教,成为先知。穆罕默德的住所就是最早的清真寺,并在后来成为人们建造清真寺的原型。最早的清真寺用晒干的砖建成,建筑物在四周,中间有庭院,样式简洁。如今,称得上清真寺标志的光塔及圆顶,是随着伊斯兰教建筑的发展逐渐出现的。

清真寺是供伊斯兰教徒礼拜用的建筑,此外,它还具有宗教学校、休息场所、政治活动场所等多种功能。与天主教堂的共同点是,它们都是公共场所。人人皆可进入。

左：苏丹哈桑清真寺。摄影：讲谈社　右：倭马亚清真寺。摄影：樋口谅

光塔（宣礼塔）

清真寺令人印象深刻的高度来自寺内的光塔，光塔一词源于阿拉伯语，意思是"有光的地方"。

在《古兰经》里，光是具有象征性意义的，与天主教的"光"同为神圣之物。在伊斯兰教中，"光"也有重要意义。可以说，光塔象征了《古兰经》的教旨。

光塔是有实际作用的塔，由它向生活在城市中的信徒发出礼拜的呼唤。据说在没有光塔的时期，人们是在清真寺的屋顶上发出呼唤的。此外，它还被赋予了许多其他功能，例如，点火后用作表示位置的路标、防御时的塔楼、报时工具、权力的象征、对宗教虔诚的象征等等。北非有记载说，光塔曾被用作信徒的投宿之处，因此还具有居住功能。

由于时代和地域的差异，光塔形态各异，下文会详细举例，论述其特征。

大马士革倭马亚清真寺

相传最早建成的光塔，位于叙利亚首都大马士革的倭马亚清真寺，这座清真寺由倭马亚王朝第六代哈里发瓦利德一世于706年至709年建成。当时,瓦利德一世刚在内战中击败了统治圣城麦加的其他部族,为展示威望,下令建造带有光塔和圆顶装饰的清真寺。

这座清真寺占地广阔,东西长157米,南北长100米。除寺院两角各建有一座光塔,在院中央的圆顶大厅对面还有一座光塔。但这座光塔是由教堂的瞭望塔重新翻建而成。罗马帝国时期,这里原本有座祭祀天神朱庇特的神殿,4世纪末将其改建为教堂。7世纪伊斯兰教取得统治地位后,又将其改为清真寺。

螺旋形的光塔

接着让我们看看,9世纪建于阿巴斯王朝首都的萨马拉大清真寺的光塔。

750年,取代倭马亚王朝建立的阿巴斯王朝,将首都从大马士革迁至巴格达。836年,又将首都迁至距底格里斯河上游约120千米的萨马拉。萨马拉大清真寺就是在第十代哈里发穆塔瓦基勒时期建成的清真寺之一。

这座建于852年的大清真寺占地面积为240米乘156米,约为前述倭马亚清真寺的2.5倍,几个世纪以来,都堪称全世界最大的清真寺。

附属于清真寺的光塔由晒干的砖垒成,建在清真寺回廊的外面,加上坛基部分,高度约有53米,与京都东寺的五重塔(55米)高度相当。螺旋阶梯呈向上的旋涡状,越向上走,坡度越大。据说,穆塔瓦基勒曾乘驴登上陡峭的螺旋阶梯。

《圣经·旧约》记载,这座光塔模仿了巴别塔,但正如第一章中所述,光塔与金字形神塔巴别塔形状完全不同。也许正好相反,以《圣经·旧约》为主题的画家们从美索不达米亚大地上的萨马拉光塔身

左上：彼得·勃鲁盖尔，《巴别塔》（1568 年，博伊曼斯美术馆藏）

左下：阿塔纳斯·珂雪，《巴别塔》（1679 年，法国国立图书馆藏）

右：萨马拉大清真寺的光塔。摄影：Targa/AGE Fotostock/JTB Photo

上得到了灵感，彼得·勃鲁盖尔发挥想象绘制的巴别塔很有名，据说是受到了罗马角斗场的启发。而后来，在受勃鲁盖尔影响的巴别塔主题绘画作品里，有不少作品和萨马拉光塔很类似。总之，与古代的金字形神塔一样，光塔耸立在一望无尽的平原上，成了远远就可看到的地标性建筑。

角塔状光塔

阿巴斯王朝时期，还建造了非螺旋形的光塔，那就是与穆塔瓦基勒清真寺同建于 9 世纪中叶的凯鲁万清真寺的光塔。凯鲁万在今天的北非突尼斯一带，当时是作为军事要塞设立的城市。

这里的光塔是一种 3 层结构的角塔，高度为 31 米。与阿巴斯王朝其他光塔不同的是，它非砖制，而是石制。与无法获取石头的美索不达米亚不同，地中海沿岸有大量石材。当年的金字形神塔是用砖建造的，而金字塔是用石头建造，这也反映出了两地地质上的差异。

另外，这座光塔的形状是四角形平面角塔，与其他光塔也不同。据说，凯鲁万光塔模仿了相邻城市萨拉库塔古罗马时期建造的灯塔。

左：阿亚索菲亚大教堂的圆顶和光塔。摄影：藤田康仁
右：蓝色清真寺。摄影：藤田康仁

进一步追溯，它还可能受到同在地中海沿岸的亚历山大灯塔的影响（见第一章）。

角塔状光塔开始在北非及西班牙等地中海沿岸城市流行开来。

宗教对立与清真寺

在伊斯兰教世界，不同宗教派别的部族在政治上相互竞争，从而形成了各自独立的地区。各地区分别建有清真寺，即使部族之间发生争斗，清真寺也不会遭到敌对部族破坏。可见，清真寺在宗教上的神圣程度饱受重视，远远超过了部族间在政治上的相互竞争。

然而，一旦产生不同宗教间的对立，清真寺作为宗教象征，不仅会遭到破坏，或许还会被用作其他宗教的设施。例如，通过 8 至 15 世纪的收复失地运动，伊比利亚半岛回到天主教教圈中，科尔多瓦大清真寺则成了天主教堂。此外，随着十字军对耶路撒冷的进攻，阿克萨清真寺曾被当作教堂，1187 年，伊斯兰教夺回耶路撒冷，又使其恢复成原来的清真寺。

与之相反，圣索菲亚大教堂是天主教堂变成清真寺的代表事例。1453 年，拜占庭帝国的首都君士坦丁堡被攻陷后，改名伊斯坦布尔，成为奥斯曼帝国的首都。当时，受奥斯曼帝国苏丹穆罕默德二世之命，

凯鲁万清真寺的光塔。摄影：aflo.com

对圣索菲亚大教堂进行修复，改为清真寺（阿亚索菲亚清真寺）。

在奥斯曼帝国统治下

被奥斯曼帝国改为清真寺的圣索菲亚大教堂，原本是建成于537年的天主教大教堂。其高度为55.6米，由直径31米的圆顶及围绕在其四周的中小圆顶组成，设计庄重典雅。虽说直径不及古罗马万神殿的圆顶（43米），但比它高出十多米。

对穆罕默德二世来说，圣索菲亚大教堂（阿亚索菲亚清真寺）是装点奥斯曼帝国新首都的理想建筑。改建成清真寺时，在场地四角安置了四根细长的光塔，铅笔形光塔的顶部有圆锥形屋顶，塔的中部建有阳台。

这种放置四根尖顶光塔的方法，并非源于阿亚索菲亚。穆罕默德二世的父亲穆拉德二世在兴建育屈谢雷菲里清真寺时，已经做了尝试。这座建成于1447年的清真寺放置了四根光塔，高度和设计反复变更，最高的光塔高度达到了67.5米，据说在当时的帝国范围内，还没有超过此高度的建筑。或许用以衬托清真寺的四座巨型光塔，也包含展示权威的用意。

其后，因深受阿亚索菲亚的影响，苏莱曼清真寺（建成于1557年）

也设计了四根光塔。与育屈谢雷菲里清真寺不同的是，其高度与设计完美统一，各有两座高 76 米和 56 米的光塔。另外，苏丹阿赫迈特清真寺（1616 年建成，俗称蓝色清真寺）建有 6 座光塔。有关此数字的由来，将在第六章讲述。

作为新首都的地标性建筑，奥斯曼时期的清真寺由细长的光塔和大小圆顶交织在一起构成，勾画出了伊斯坦布尔的空间轮廓。

日本的佛塔

天主教和伊斯兰教势力在欧洲及地中海世界扩张的同时，佛教则以亚洲为中心发展起来。

6 世纪中叶，佛教传入日本之后，佛教建筑也拔地而起。

佛教建筑基本是由以下几部分构成：供奉主佛的金堂（正殿）、讲经的讲堂、安放舍利的佛塔，以及围绕这些建筑的回廊，这一系列建筑统称为伽蓝。其中，佛塔的高度尤为突出，就像哥特式大教堂和伊斯兰教光塔一样，是表现垂直效果的建筑。

佛教作为国教受到保护并被政治利用，佛塔则作为向国内外炫耀权力的纪念碑，也发挥了重要的作用。

何谓佛塔

佛塔起源于印度，原本是祭祀舍利（释迦牟尼遗骨）的卒塔婆，象征着释迦牟尼。卒塔婆是圆形坟，并非人们所说的塔。佛教通过丝绸之路进入中国，随后向朝鲜半岛和日本传播。卒塔婆的叫法逐渐转变为舍利塔、塔婆、塔，高度也不断增加。日本的佛塔大多是五重塔或三重塔那样的多层建筑，尚不清楚为何要在多层建筑里放置舍利。

另一方面，虽说是多层建筑，但内部都非常狭窄，几乎没有供人攀登的空间。也就是说，日本佛塔主要用于从外部观赏，这也是在伽蓝中将其视为纪念建筑的原因。

然而，中国的佛塔内建有登楼的台阶，其原因是受到堪称中国高层建筑起点的汉朝阁楼建筑的影响。传说神仙喜欢住在高处，阁楼建筑体现了对神仙和仙境的憧憬。因此，佛塔也建成了可以让人进出的样式。也有说法认为，中国佛塔兼具瞭望塔般的军事意义。

日本和中国的佛塔在其他方面也存在差异。日本的佛塔多为木制，屋檐深，平面形状为四角形。中国的佛塔则多为石制或砖制，屋檐浅，平面形状不只有四角形，还有八角形和十二角形之类的多角形。

日本第一座真正意义上的佛塔——飞鸟寺五重塔

飞鸟寺被认为是日本最早的正式寺院，是苏我马子发愿修建的苏我氏家族寺院，建在今天的奈良县明日香村附近。

建造飞鸟寺，源于新兴的豪族苏我氏与历史悠久的豪族物部氏之间的对立。新旧宗教成了新旧豪族间政治对立的工具。物部氏自古以来信奉诸神，而苏我氏想借助从亚洲大陆传入的佛教确立自己的权力基础。所以，物部氏与苏我氏的争斗，就演变为新旧宗教的交战。

与排斥佛教的物部氏进行了一番激烈的政治斗争后，苏我氏掌握了权力，苏我马子开始着手建造飞鸟寺。建设工作从 588 年开始，用了约 20 年时间建成伽蓝。飞鸟寺伽蓝的结构是五重塔居中，三座金堂分围环侧，足见佛塔占据着伽蓝的中心地位。

苏我马子发愿建造飞鸟寺的 587 年，用明天皇驾崩，其坟墓未采用之前的前方后圆坟，而是建成了方形。另外，也不像前方后圆坟那样庞大。可以说，飞鸟寺五重塔在体现苏我氏权力，且处于权力象征由前方后圆坟向佛塔的过渡阶段。

国立佛塔——大官大寺九重塔

尽管受到了天皇的重视，但作为苏我氏家族寺院的飞鸟寺，终归是私家的寺院。国家开始保护佛教后，直接参与了寺院的建造，便有了大官大寺等国立寺院，即官寺。

日本佛塔通常是五重塔和三重塔，但在国家掌管的官寺中，还建有九重塔和七重塔等巨型佛塔。其中，尽人皆知的是大官大寺的九重塔。

大官大寺是由文武天皇发愿修建，在藤原京建都的同时建造的官寺。藤原京中，大官大寺、药师寺、川原寺和飞鸟寺这四座寺院受到了大和朝廷的重视。尤其是大官大寺，被赋予了最高规格。尽管这座寺院包括佛塔在内的伽蓝全部被烧毁，现已不复存在，但据推测，它的佛塔约高 91 米。我在第一章曾经提及，最古老的前方后圆坟——箸墓古坟高约 30 米，仅是这座佛塔的三分之一。

这一高度也超过了位于大官大寺北面的香久山。大官大寺一带的标高曾为 100 米，加上塔本身的高度，就约达 191 米，超过标高 152 米的香久山约 40 米。可以说，大官大寺的九重塔，主导了以山峦伏线为基调的大和国的空间轮廓。

在那之前，以香久山为首的群山受到古人的供奉与尊敬，也是天皇御览江山社稷的神圣场所。舒明天皇在《万叶集》里赋诗曰："大和多岭峦，香具最神秀。凌绝顶，望国畴；碧野涌炊烟，沼海舞群鸥。美哉大和国，妙哉秋津洲。"[①]足见香久山是大和时期极其重要的山脉。建造超过香久山高度的人工建筑，也足见当时佛教在国内传播之深。

---

①译文引自《万叶集选》，李芒译，人民文学出版社，1998 年版。

东亚佛塔高度之争

当时的日本建造了一批高大的佛塔，中央集权国家体制正在巩固，当权者意图通过国家建造的寺院佛塔向人们展示其权势。

与此同时，建造九重塔还与当时东亚的局势密切相关。

日本最古老的九重塔并非藤原京的大官大寺。大官大寺起源于舒明天皇 639 年发愿兴建的官寺：百济大寺。目前认为百济大寺的佛塔是日本最古老的九重塔，高约 80 米。兴建这座九重塔的 7 世纪前半期，也是朝鲜半岛的百济和新罗的官寺相继建造九重塔的时期。

百济武王建造的弥勒寺伽蓝内就有三座佛塔，其中之一是夹在东西方向石塔间的木制九重塔。现存的佛塔只剩下西侧的石塔，碑上可考的年份是 639 年，这应该是发愿兴建百济大寺的年份。

此外，百济的邻国新罗的皇龙寺，有善德王 646 年发愿建造的九重塔。据推算，其高度与百济大寺相当，为 80.2 米。佛塔顶心柱基石的碑文上刻有"祸出邻邦必御之"字样，由此可见，修建佛塔象征着保卫国家。

皇龙寺九重塔碑文中所谓"祸出邻邦"，暗指当时的东亚局势动荡。唐朝于 628 年统一了中国全境，为扩张版图准备进攻邻国。630 年，唐朝将北部和西部的国家收归旗下之后，开始着手进攻东部的高句丽。同年首次派出遣唐使，大概也向日本传递了唐朝计划进攻高句丽的信息。夹在唐朝和新罗之间的高句丽寻求与百济和日本联合，另一方的新罗为防止高句丽和百济的入侵，则寻求与唐朝合作。

唐朝军事力量的增长，对朝鲜半岛及包括日本在内的东亚地区的政治秩序造成了很大影响。为减弱来自邻国的军事压力，各国相继兴建九重塔。此外，所有的佛塔都是因国王或皇帝的许愿兴建的，可以说在不确定的东亚局势中，佛教的纪念碑九重塔就是显示国威的具体象征。

左: 法隆寺的五重塔。摄影: 著者

右: 出云大社大殿的复原模型 (岛根县立古代出云历史博物馆藏)

象征保家卫国的佛塔——东大寺大佛殿与东西七重塔

据说从 624 年到 692 年, 日本国内的佛教寺院数量由 46 座增加至 545 座, 可见 7 世纪佛教在日本全国传播之迅速。然而, 进入 8 世纪后, 由于饥荒和瘟疫的蔓延, 内政混乱, 伴随着社会的动荡, 各地的寺院也逐渐荒废。

在这种情况下, 圣武天皇于 741 年颁布了兴建国分寺的诏令。这项诏令体现了当权者欲借助佛教保家卫国的态度, 其中责令全国的国府建国分寺的同时, 必须兴建一座七重塔。

遵照此诏令建成的最具代表性的国分寺之一, 就是以奈良大佛闻名的东大寺。从 743 年起, 兴建东大寺耗费了大约 20 年时间, 最终建成了高 14.98 米的大佛和高约 47 米（一说 40 米）的大佛殿。今天我们见到的大佛殿高 47.5 米, 是江户时期（1709 年）重建后的第三代, 也是世界上用传统施工工艺建造的最大木制建筑。

东大寺内曾有两座七重塔, 据 "大佛殿碑文" 记载, 东塔为 23 丈 8 寸（约 70 米）, 西塔为 23 丈 6 尺 7 寸（约 72 米）, 如果算上装在顶部的相轮（高 8 丈 8 尺 2 寸, 约 27 米）, 那么东塔高约 97 米, 西塔约 99 米, 高度达到大佛殿的两倍。大概是为了与高大的大佛殿相比也不逊色, 才建那么高吧。

但是，这两座高塔都已不复存在，西塔于934年遭雷击而烧毁，东塔则在1180年被平氏火攻，化为灰烬。后来对东塔进行了重建，却再次遭雷击而烧毁，从那之后再未重建。

毁于雷击和火灾的佛塔不在少数，日本现存的木制塔中，东寺（教王护国寺）的五重塔最高（55米），自建成以来也屡遭火烧。从建成的9世纪末起，1055年、1270年、1563年及1635年，共计烧毁4次，每次都得以重建。现存的塔是1644年德川家光主持修建的。

不过，无论是东大寺或东寺，都没有佛塔因地震而倒塌的记载。据说这得益于塔的结构，地震时塔身如柳叶般摇曳，将强大的震力吸收掉。佛塔的这些特点，被用在后期超高层建筑的结构设计上，我将在第五章对此详述。

从信仰对象到装饰性佛塔

佛教建筑的中心建筑物是佛塔，随着时代的变迁，佛塔在伽蓝中的位置也有所变化。如前所见，飞鸟寺的五重塔放置于伽蓝的中心部位，其位置比金堂还重要。7世纪前后兴建法隆寺时，金堂与佛塔并列配置，但塔依然置于庭院的中心部位。

之后，8世纪的药师寺、东大寺建造时，佛塔被移到了庭院周围或寺外。在药师寺、东大寺及大安寺（百济大寺、大官大寺迁址后的名称）等寺院里，东西有两座塔立在伽蓝前面，宛如一扇门，邀请人们进入金堂等建筑的中心。这不由得使人想起古埃及神殿塔门前的一对方尖碑（见第一章）。换句话说，随着时代的变迁，佛塔已不居寺院的中心地位，而其装饰价值得到了提升。

安放舍利的佛塔曾是最重要的信仰对象，然而，随着放置佛像的金堂逐渐得到重视，佛塔的地位开始降低。在圣武天皇兴建国分寺的诏令中，可以看到"其造塔之寺，兼为国华"的表述。由此可以看出，佛塔从人们信仰的对象变成了展示国威的工具。

如梦如幻的出云大社

虽然佛教迎来了兴盛，但日本自古留传下来的诸神信仰并未被抛弃。在神社建筑中，也有追求高度的例子，出云大社乃是其代表。出云大社以每年旧历十月全国诸神聚首的护国圣地而闻名于世。如今，出云大社正殿高度8丈（约24米），而它曾经的高度被认为是现在的两倍，即16丈（约48.5米）。

长久以来，有很多有关是否曾存在如此巨大的神社的质疑。2000年，发现了三根圆木一组、用金属条捆绑在一起的巨型柱脚（直径一丈，约3米），印证了正殿的高度确实曾达到48米。

据说正殿初现雄姿，是在8世纪初期之前。970年成书的《口游》中，已有对其宏伟程度的记载。《口游》即贵族子女们学习用的教科书。其中记有当时最大的桥梁、大佛及建筑等。建筑方面有"云太、和二、京三"，分别表示出云大社、大和的东大寺、京都的大极殿（其中不包括塔）。

所谓太、二、三，即太郎、二郎及三郎的省略形，用以表示大小顺序。也就是说，出云大社是当时最大的建筑。东大寺大佛殿位居第二，高15丈6尺（约47米），比名列第一、16丈高的出云大社稍逊。[桥梁有"山太、近二、宇三"，分别指京都的山崎桥、近江的势多桥（瀬田的唐桥）、京都的宇治桥；大佛有"和太、河二、近三"，乃是大和的东大寺、河内的知识寺、近江的关寺。以上均按实际大小顺序排列，可见《口游》的记载有一定准确性。]

此外，有记载显示，从平安时代中期至镰仓时代初期，出云大社的正殿共倒塌过7次。据《左经记》记载，1031年，正殿竟在无风时"摇晃倾倒，木柱悉数倒伏，唯西北角的一根未倒"。仅剩的这一根，证明柱体是以栽柱式埋进土里的。

当时普通建筑都是将柱体立在放好的基石上，靠架在柱体之间的房梁、横梁来支撑。若出云大社也是在基石上立柱体，柱体会一倒全倒，不可能只剩下一根。2000年从地下发现柱脚，这与过去的倒塌记录也相吻合。不过，自镰仓时代重建为小型正殿后，再未发生过倒塌。

以上皆可推断，起初出云大社正殿的结构不稳定、易倒塌，定是一座高得出奇的建筑。

第三章　秩序井然的高度和城市景观的时代

——15 至 19 世纪

美国国会大厦。图片来源：视觉中国

万花装饰的国度、美丽的风景、美丽的建筑，所有这些舞台装饰的效果，都基于透视法的原则。

——本雅明，《拱廊街计划》

　　中世纪城市建造塔楼之风开始显露弊端，城市的高度也出现了新秩序。

　　本章的跨度从 15 世纪到 19 世纪，在此期间，所有城市都开始重视对高度的控制。

　　这一时期的建筑中，有不少高度超过了 100 米，如圣彼得大教堂、圣保罗大教堂和华盛顿纪念碑等。但是，相对于一味追求高度，人们更加注重建筑在城市中的定位。

　　在格式塔心理学派中，看到一个物体时，浮现在物体前被感知的景象称作"图"，物体背后的景象则称作"地"。将这种"图"与"地"的思考方式套用在城市高度上，城市的"图"就是大型建筑和高层建筑，"地"则是由普通建筑群构成的街区。

　　借用这种思考方式，通过调整"地"（街区景观），以强调"图"（高层建筑）的高大与不朽，营造整个城市的视觉秩序，是这个时代建筑的价值所在。

　　造成这种审美转变的转折点是 14 至 16 世纪兴起于欧洲的文艺复兴。在城市中，文艺复兴时期盛行的透视绘画技巧得到广泛应用，人们尝试在提案和规划中体现理想城市的远近感。

16 世纪的罗马城改造、17 世纪大火后的伦敦复兴、19 世纪以巴黎和华盛顿哥伦比亚特区为代表的首都改造和建设……虽然在程度上有差异，但这些城市都通过修建笔直的街道、在重要场所安置地标性纪念建筑等方式，营造出井然有序、美丽壮阔的城市景观。

整改目的各有不同，罗马是为了复兴业已衰败的天主教的影响力，伦敦则试图恢复首都应对灾害的能力。19 世纪各国首都的改造和建设，无不将目标放在向国内外展示国家威望的层面。

来看日本，15 至 19 世纪属于战国到明治时期。

江户时代，幕府一方面控制作为"图"的天守阁的建设，一方面又限制作为"地"的城下町的高度，最终得到了统一的景观。幕府的目的是确立中央集权制和身份制度，以维持封建秩序。

到了明治时期，政府开始在银座、丸之内等地以美观为目的进行城市治理，这是为与欧美列强并肩、跨进现代化国家行列而采取的行动。

本章将阐述作为"图"的高层建筑与作为"地"的街道的关系，分析高度在城市中的意义，并讨论"图"和"地"是如何形成的。

文艺复兴时期的城市高度

文艺复兴运动复兴并重新评价古希腊和罗马文化，极大地改变了建筑和城市面貌。依据比例原则，建设协调的建筑与城市成了都市建设的目标，与此同时，几何学形态的理想城市被提上议事日程，为日后设计有序的城市高度打下基础。

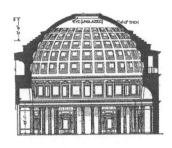

罗马万神殿剖面图。引自:《SD: 空间设计》(13),
1966 年 1 月号, p.18

哥特式大教堂的衰败

15 世纪后,风靡欧洲的哥特式大教堂逐渐衰退,其原因主要有以下三点。

首先是战争和瘟疫的影响。在哥特式大教堂的起源地法国,英法之间的百年战争和鼠疫造成人口减少,城市凋敝,由此导致建造巨型大教堂的人手和资金匮乏(14 世纪初鼠疫流行,使欧洲人口减少了三分之一)。守护安全的城堡,远比用来祈祷的大教堂重要得多。

其次是路德和加尔文发动的宗教改革运动的影响。

正如法国作家维克多·雨果在小说《巴黎圣母院》中说的那样:"建筑是坚实无比、质感精良、货真价实的书籍。"大教堂即所谓的石制《圣经》。在中世纪,大教堂绚烂豪华的彩色玻璃和内部的雕刻绘画,都发挥了替代《圣经》的功能。意欲通天的大教堂的高度,则起着向人们宣传天主教威望的作用。前面我们说过,教会是连接神灵与人类的纽带,大教堂则是其象征。

然而,倡导《圣经》是唯一真理源泉的路德等新教徒,将教堂视为阻碍与神直接接触的屏障,予以严厉的批判。大教堂被喻为"邪恶教会"的象征,成了他们捣毁的对象。

约翰·古腾堡发明的西方活字印刷技术和出版资本的兴盛,也产生了重大影响。1455 年,古腾堡印刷《四十二行圣经》后,《圣经》得到了快速普及。在那之前,只有部分精英才能拥有的书籍开始降价,据说到 16 世纪，有 15 万到 20 万种、共计 1 亿 5 千万到 2 亿册《圣经》流传于世。如此巨大的普及力度，也是削弱大教堂影响力的原因之一。

最后是前文所述的文艺复兴运动的兴起。所谓文艺复兴，即古希腊、古罗马艺术的复兴和重新评价，建筑的比例、秩序和平衡受到重视。过度表现垂直性的哥特式建筑，在当时已不受欢迎。

在意大利，哥特式大教堂的普及程度远不及其他国家，文艺复兴诞生于此也并非偶然。比起诞生于法国的哥特式建筑，古希腊和古罗马的建筑样式更贴近意大利人的生活。相对于遥远的哥特式建筑，人们也更乐于以身边的古典美为参照。

花之圣母大教堂

位于佛罗伦萨的花之圣母大教堂，象征着哥特式建筑时代的终结。佛罗伦萨是孕育伟大的文艺复兴运动的城市。该大教堂的圆顶建成于 1436 年，高 91 米（包含塔顶共 114 米）。与哥特式建筑时期的大教堂相比，其高度并非特别突出，但纺锤形的圆顶勾勒出了前所未有的空间轮廓。

史上的圆顶，以古罗马的万神殿和圣索菲亚大教堂（现在的阿亚索菲亚清真寺）等半球形屋顶为主，球体有"万能的神灵"的象征性意义。设计花之圣母大教堂前，也曾考虑过半球形屋顶，但人们无法抹去这种屋顶"平庸无华"的印象。最后，负责设计工作的菲利波·布鲁内莱斯基否决了半球形，转而构想沿垂直方向延伸的纺锤形圆顶。这种屋顶的垂直表现力不及哥特式建筑，但在视觉上，其地标性建筑的象征意义，远大于万神殿之类的半球屋顶。

虽然布鲁内莱斯基的圆顶借鉴了哥特式建筑的肋拱结构，但其构成明显是以反哥特式建筑美学为基础的。

当时佛罗伦萨人的内心，有一种超越哥特式建筑的欲望，据说那是"民族主义"在涌动（酒井健，《何谓哥特式建筑》）。具体来说，就是与相邻的米兰公国的对抗心理。因为米兰拥有高 108 米、带尖塔（小尖塔 135 个，雕刻 3400 处以上）的哥特式米兰大教堂。

对佛罗伦萨来说，哥特式建筑不仅是舶来品，更是敌国米兰的象征。另一方面，圆顶与可谓是自身原点的古罗马万神殿"相关联，使人感觉到共和制下市民间的和谐，从而满足了他们爱国主义的自豪感"（酒井健，同前书）。

15 世纪建筑师莱昂·巴蒂斯塔·阿尔伯蒂的著作《绘画论》的开头部分，对花之圣母大教堂不吝溢美之词："其高耸入云的影子之下，笼罩着所有托斯卡纳市民。"（若桑绿，《佛罗伦萨》）这座圆顶勾勒出的空间轮廓，在市民心中确立了佛罗伦萨的形象，也象征佛罗伦萨共和国的影响力达到了托斯卡纳全境。

这座圆顶对罗马圣彼得堡大教堂的重建、伦敦圣保罗大教堂的重建和美国国会大厦等建筑的建设，都产生了影响。后面我们会讲到这些建筑。

从中世纪的城堡城市到文艺复兴的理想城市

城堡城市这种防卫型建筑是不得已而出现的，其重要原因是 14 世纪大炮的出现。那时经过技术改良，大炮的杀伤力提高，射程增加，作为战时的主要武器得以普及。大炮能轻易破坏城墙和塔楼，迫使各个城市彻底重新审视自己的城堡。

为对付大炮，人们首先撤掉了会成为攻击目标的塔楼，同时将城墙的高度降低，用堡垒加厚。另一方面，为在敌人进攻时不产生死角，建造了多角形的棱堡。这样一来，就不再要求塔楼有军事上的用途了。

文艺复兴时期，针对 15 世纪的城市特点（狭窄曲折的街道、无

上：花之圣母大教堂。摄影：讲谈社
中：花之圣母大教堂和佛罗伦萨远景。摄影：大野隆造
下：哥特式大教堂（米兰大教堂）。摄影：讲谈社

秩序修建鳞次栉比的建筑），人们开始有计划地构思理想城市。阿尔伯蒂在另一本著作《建筑论》中主张，主要街道应是直线型，排列在路边的建筑高度应该统一，并用统一设计的柱廊镶边。

阿尔伯蒂还尝试将绘画的透视法理论应用于城市中，用直线型街道、高度统一的街边建筑强调城市的远近感，吸引路人的目光，并通过在道路尽头配置有纪念意义的大型建筑，营造出视野开阔的壮丽城市景观。达·芬奇曾提出"道路应按普通房屋的比例做宽"（《列奥纳多·达·芬奇手记》），指出在理想城市建设中，街道宽度与街边建筑高度之关系的重要性。

文艺复兴时期，许多理想城市的设计方案都有星形和多角形的城墙，并将直线型道路配置成棋盘格子状、放射状等几何形状。如前所述，这种多角棱型城堡并非单纯的美学设计，而是出于军事需要。

尽管如此，将已有的城市全部改造成理想城市，是不现实的。因此，中世纪的城市，大多采用逐步改建、治理推进的方法。

前面谈到的锡耶纳和佛罗伦萨对广场周围进行高度的限制，只不过是改变的一部分，但仍可以说是理想城市理论的尝试和探索。

16 世纪以后，很多城市开始尝试灵活运用透视法理论，营造宏大壮丽的城市景观。

宗教城市罗马的大规模改造

16 世纪新教徒发起的宗教改革运动使天主教由盛转衰，同时推动了天主教的改革风潮。

1545 年至 1563 年的特利腾大公会议，确定了圣母玛利亚为唯一信仰的正统地位，反对宗教改革的运动也随之活跃。为恢复对天主教的信赖，将整个罗马改建成唯一圣地的运动也随即掀起。期望通过将首都罗马改造成宏伟庄严的都市，来唤回民众对天主教的信赖和仰慕。

罗马教皇西斯都五世（1585 至 1590 年在位）进行的城市改造在这一系列运动中格外引人注目。

教皇西斯都五世力主改造罗马城

这次罗马城改造，配合了罗马教廷始于 1300 年的"圣年"纪念活动。

圣年每 25 年一次，传说如果巡礼了罗马城内的 7 座主要教堂，所犯罪行便可得到宽赎，因此每逢此时便有众多巡礼者汇集到罗马城。为了让巡礼者感悟天主教的威严，教皇萌生了将罗马改建成壮丽圣地的想法。

西斯都五世的城市改造意图十分明确，要将罗马建成一座能在一天内参观完 7 座教堂的城市。为此，主要教堂都以直线道路相连接，并在拐角立碑，作为巡礼者参观时的路标。

如第一章所述，方尖碑是建在古埃神庙塔门前的柱状纪念碑。如今，罗马市内共有 14 座方尖碑，多数是古罗马时期作为战利品从埃及带回来的。罗马帝国灭亡后，方尖碑被人们遗忘，后被西斯都五世及其亲信——建筑师多梅尼科·丰塔纳关注，打算再次利用。

然而，方尖碑从一开始就被基督教视为异教的象征，于是，西斯都五世在其顶端加装十字架，将其"圣化"，改为天主教纪念碑。"天主教会的胜利"（斯皮罗·科斯托夫，《建筑全史》）就是以方尖碑表现的。除方尖碑外，当时罗马城里还有图拉真皇帝和马克·奥勒留皇帝的纪念柱，顶部都装饰了使徒彼得和使徒保罗的雕像，增加了宗教色彩。

对巡礼者来说，方尖碑不仅仅是一个记号。在笔直伸展的道路尽头建造方尖碑，不但创造出壮美的景致，还强化了神圣都市的印象。

城市改造后，商店和住宅整齐排列在街道旁，呈现出一派繁荣景象。1527 年罗马约有 5.5 万人口，16 世纪末恢复至约 10 万，与当时的伦敦相当。1600 年的圣年有几十万朝圣者造访。罗马的威望逐步得以恢复，直至被称作世界之都。另外，道路修建完成后，枢机卿（罗马教皇的最高顾问）和贵族开始使用马车作为出行工具。可以说，罗马的城市改造，也开创了马车时代。

为有效加强圣都罗马给人留下的印象，西斯都五世在以下四个核心部位放置了方尖碑：

（1）圣彼得大教堂前广场（1586 年）；

（2）圣母玛利亚大教堂前广场（1587 年）；

（3）拉特拉诺的圣·乔万尼大教堂前（1588 年）；

（4）波波洛广场（1589 年）。

例如波波洛广场，它是欧洲各国造访罗马的人们穿过波波洛城门后的第一道重要入口。三条直线街道汇集在人民广场，并且建有方尖

左: 西斯都五世的罗马改造规划图。引自: 希格弗莱德·吉迪恩著, 太田实译,《新版空间·时间·建筑》(1973), 丸善, p.119

右: 波波洛广场的方尖碑。摄影: 讲谈社

碑做路标。这种在直线街道尽头配置纪念建筑的城市构造, 也运用于后来的凡尔赛宫、巴黎及华盛顿哥伦比亚特区等地的建设中。

圣彼得大教堂与方尖碑

下面就让我们仔细看看建在圣彼得大教堂及其广场上的方尖碑吧。

圣彼得大教堂可谓是天主教总部, 其前广场的方尖碑原本放在教堂南面、皇帝尼禄的战车比赛场里, 后被移建到大教堂前广场的中央。方尖碑用大理石制成, 是一座高 25 米、重 320 吨的庞然大物, 据说移动时, 动用了 900 人、44 台卷扬机和 140 匹马。

1586 年建造此方尖碑时, 圣彼得大教堂的重建正如火如荼地展开。重建的契机, 则要追溯到大约 150 年前西斯都五世统治时期。

当时, 圣彼得大教堂非常破旧, 可以说已不具备完善的接纳朝圣者的功能, 于是, 教皇尼古拉斯五世 (1447 至 1455 年在位) 提议重建。他这样说道: "要想给予坚实稳定的确信, 必须诉诸眼睛。只用教养支撑起的信仰往往脆弱不堪……如果教皇教廷的权威以某种雄伟建筑的形式展现在公众眼中……全世界都会对其欣然接受、肃然起敬。富丽堂皇、宏伟壮丽的高尚建筑, 远比圣彼得大教堂里的椅子要高得多。"(巴巴拉·W. 塔奇曼,《愚政进行曲》上卷)

圣彼得大教堂和方尖碑。摄影：藤田康仁

　　尼古拉斯五世死后，重建提议被人们彻底遗忘，到了儒略二世时期，又重新得到关注。但是，教会内部不希望拆掉旧圣彼得大教堂的意见也很强硬。因为该教堂是承认天主教的君士坦丁大帝于 324 年兴建的。

　　而对反天主教势力来说，圣彼得大教堂的重建成了有形的攻击素材。马丁·路德曾说："教皇的财富无可匹敌，可他为何不用自己的钱，而用穷人的钱去建圣彼得大教堂呢？"（让·德吕莫，《文艺复兴之文明》）他们对通过发行赎罪券筹集建设资金的天主教提出了批评。

　　据说当时出售赎罪券和圣职所获取的收入，占到了罗马天主教会全部收入的三分之一，为此，有不少人对天主教的拜金主义提出了批评。比如人文主义者伊拉斯谟，他虽是虔诚的天主教信徒，但认为重建大教堂只是一种浪费。

　　设计方案中还存在一些悬而未决的问题。设计者也频繁更迭，甚至有人说，当时几乎所有知名建筑师都参与了圣彼得大教堂的设计工作。

　　担任最终设计的是米开朗基罗。据说当教皇将建设圣彼得大教堂的委托书交给米开朗基罗时，他要求在其中写入这样的话："为把爱献给神，我愿分文不取着手建造。"（石锅真澄，《圣彼得大教堂》）事实上，在生命的最后17年里，他无偿奉献了自己的设计，这座圣彼得大教堂成了米开朗基罗最后的作品。

米开朗基罗的设计方案，除了将大教堂的平面做了大幅变动外，还将当初像万神殿那样的半球形屋顶做成了与花之圣母大教堂一样的圆顶。米开朗基罗曾对花之圣母大教堂的圆顶献上这样的赞美之词："建造与此相同的圆顶极其困难，想超越它更是天方夜谭。"（让·德吕莫，《文艺复兴之文明》）由此可见其所受影响之深。

1590年，即米开朗基罗死后26年，圣彼得大教堂终于加盖上了圆顶，雄姿得以展现。到了西斯都五世死后的17世纪，耸立着方尖碑的广场才有了今天的模样。

伦敦大火与城市复兴

大城市的人口与建筑越集中，地震和大火造成的灾害风险就越大。有不少城市的改造，是为了防止灾害发生。17世纪遭受大火侵袭的伦敦中心城区就是一个很好的例子。

复兴城市时，理想的改造方案是在直线街道的主要交会处建立纪念建筑，但在伦敦，人们做了一些现实的选择。

伦敦人希望改造工程与拥有绝对权力的教皇主导的罗马城改造有所区别，还要展现伦敦这座商业城市的强烈自治意识。尽管不是彻底的城市改造，但结合拓宽道路等治理活动，街道两旁的砖石建筑鳞次栉比，利于防灾的街道景观也逐渐成形。配合着复兴计划，伦敦的地标性建筑圣保罗大教堂也进行了重建，与砖石街道共同勾勒出伦敦的空间轮廓。

持续五天的大火

1666 年 9 月 2 日，伦敦大火将中心城区彻底烧毁，400 多条街道、大约 1300 户房屋毁于持续 5 天的大火中。109 座教堂中有 84 座（一说 87 座或 89 座）坍塌，受灾面积达到整个城区的五分之四，约 176 公顷。

大火发生前，市内的住宅逐渐由 2 层建筑向 4 层、5 层转变，由于建筑超出了已拓宽的道路，使道路变得狭窄，建筑如墙壁般高耸在两旁。街道昏暗，空气流通变差，居住环境恶劣，可说是典型的中世纪城市容貌。

当时普及的高层建筑依然是木制结构。如果砖石结构的高层建筑得到普及，就要加厚墙面来支撑楼重。为尽可能获得更多的住宅面积，很多住宅采用木材建造。

在这种情况下，国王于 1615 年发布公告，呼吁人们建造砖瓦建筑。

> 人们说，第一代罗马皇帝（奥古斯都），接手的罗马是一座砖瓦之城，交出的是一座大理石之城。我们受惠于神，成为最初的光荣的不列颠人。也可以说，新国王接手时伦敦城里城外全是木制建筑，交出的则是一座庄严的砖瓦建筑，伦敦成了一座坚固美观，又不用担心火灾的砖瓦之城。
>
> ——见市雅俊，《伦敦：烈火中诞生的世界都市》

国王模仿奥古斯都（屋大维）时期的罗马城，宣布要用砖造城市取代以往的木造城市，进而赋予其新生命。这份公告发布后半个世纪，伦敦就发生了大火。火灾虽属不幸，但这次大火加速了公告中"砖造城市"目标的实现。

74

幻想的复兴计划

当时，围绕城市重建制定了多个复兴规划方案。大火发生 8 天后的 9 月 10 日，建筑师、天文学家克里斯多佛·雷恩就在枢密院向国王查尔斯二世提交了复兴方案，可见此计划是在极短时间内拟就的。

雷恩计划以笔直延伸的格子状和放射状道路网相组合，在其核心部位配备圣保罗大教堂、皇家交易所及伦敦塔等纪念建筑。

可以看出，这个方案的思路，与受前述罗马城改造影响的凡尔赛宫规划颇为相似。长期生活在法兰西的国王查尔斯二世认为，应让首都伦敦拥有凡尔赛宫那种几何形的壮丽景观，以此赋予其新生，这样的方案才有吸引力。

但观察今天的伦敦便可得知，雷恩的规划方案并未得到实施。

这一方案未被采用，原因是对复兴进度的要求。城市是经济活动的中心地带，复兴速度甚至关乎国家的命运。

查尔斯二世的确期望将伦敦改建成理想城市，但在自治意识强烈的城市，协调土地所有权是件难事。大火后不久颁布的公告里，国王规定要尊重土地所有权。另一方面，国家财政也没有征用城市土地的多余资金。火灾的前一年爆发了鼠疫，伦敦已疲惫不堪。换言之，国王从一开始就知道雷恩的规划方案脱离现实，彻底的城市改造根本不切实际，改造理想城市的方案早早就被放弃了。不过大火前那种私搭乱建的现象也确实得到了控制。

综上所述，伦敦复兴并未从根本上改变之前的城市构造，而是边改善中世纪城市的混乱状态，边在摸索中探寻重建之路。

建筑物高度的限制与防火

城市复兴过程并非随心所欲的城市改造，而是要在尊重土地所有者想法的基础上，拿出更切合实际的方案。大火后第二年，即 1667 年

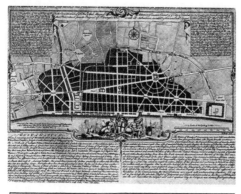

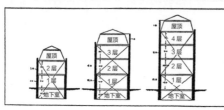

上：雷恩提出的伦敦重建方案。
引自：渡边研司，《图解伦敦城市和建筑的历史》（2009），河出书房新社，p.17
下：伦敦大火后的限高示意图。
引自：S. E. 拉斯姆森著，兼田启一译，《伦敦物语》（1987），中央公论美术出版，p.124

2 月制定的伦敦重建法为其核心。该法案由以下三要素构成：（1）重建资金的筹措；（2）修整道路；（3）建筑规章。

自治城市没有国库支援，重建资金完全靠自身筹备。于是，国家开始对运进城市的煤炭征税，将其用于部分公共设施的重建。

在修整道路方面，以之前的城市构造为基础，通过拓宽、修直道路、改善陡坡斜度等工程，使以往中世纪城市狭窄曲折的街道变得通畅明亮。

关于建筑规章，规定建筑物必须防火（砖造或石造），同时对与道路宽度相匹配的高度做了限制。根据道路状况，对建筑高度做了三种规定，其中，小巷建筑限制为 2 层，普通道路旁的建筑最高 3 层，6 条主干道则为 4 层（不包括阁楼）。也就是说，宽敞的路边可以兴建高层建筑，狭窄的道路旁只能出现低矮建筑。

规章严格，对违反者处以高额罚款，甚至有人因此被送进监狱。

市参事员有权拆毁未经许可的建筑，这些规章基本上得到了执行。最终，城市建筑顺利地由木造向砖造转变，火灾事故骤减。

前面提到的罗马城改造是自上而下、大刀阔斧的改造，伦敦的城市改造与之不同，没有对城市构造进行彻底的改变。雷恩主张大刀阔斧的改造，其规划方案却被过早放弃，这一决定后来遭到了批评。

但从另一个角度来看，对自治进步的评价，"可以称作'伦敦思想'的新胜利"（S.E.拉斯姆森，《伦敦物语》）。伦敦也确实变成了一座街道整齐、防火优良的都市，同时更加适宜居住，舒适度明显提高。

伦敦的重建，对曾在此有过流亡经历的拿破仑三世主导的19世纪巴黎大改造，产生了不少的影响。

圣保罗大教堂的重建

雷恩理想中的城市复兴规划虽未公之于世，但作为枢密院委员会委员，他组织了对51座教会堂的重建。在教会堂重建时，他强烈地意识到了尖塔的重要性，试图以"教会堂与教会堂之间要留出距离，避免过密或过疏"为重建原则（斯皮罗·科斯托夫，《城市的形成》）。为使教会堂在视觉上成为区域内的地标性建筑，雷恩潜心钻研了尖塔的设计和教会堂的配置。

圣保罗大教堂的重建，对伦敦中心城区的面貌产生的影响不可估量。

大火前的圣保罗大教堂，已多次经历烧毁与重建的命运。第一代于604年以木材建造，后被烧毁。7世纪末用石材重建，10世纪中叶被诺尔曼人烧毁。之后建造的第三代于1087年被烧毁，1240年重建的哥特式大教堂已是第四代，即所谓的旧圣保罗大教堂。如前所述，当时，哥特式建筑风靡英国全境。尖塔的高度达到152米左右，超过了同在英国国内、高123米的索尔兹伯里大教堂（尖顶部完成于1377

圣保罗大教堂（拍摄时间约在1860至1875年之间）。大教堂周围的建筑极低。引自：阿莱克斯·瓦纳、托尼·威廉姆斯著，松尾恭子译，《照片中的维多利亚时代伦敦的城市和生活》（2013），原书房，p.51

年），成为当时世界第一高度（也超过了高147米的胡夫金字塔）。但在1561年，尖塔被烧毁，1663年尝试正式修复，但仅仅3年后，就在伦敦大火中化为灰烬。

大火之后，由于英国新教徒——清教徒将教堂视作纯粹信仰的障碍，重建工作并未按计划进行。废墟被搁置了一段时间，1675年才开始重建，于35年后的1710年完成。

新落成的大教堂已非之前的哥特式造型，而是采用罗马圣彼得大教堂那种有纺锤形圆顶的巴洛克样式。其高度为108.4米，并未追求与旧大教堂相匹敌的高度。由此可以看出，不仅是街道，大教堂的高度与样式，也宣布了与中世纪的诀别。

雷恩的复兴规划方案将圣保罗大教堂安放在多条宽阔大街的锐角交会处，但那样的道路最终未能建成。耸立在直线型街道尽头的大教堂，并未产生罗马城改造中西斯都五世营造出的视觉效果。

虽然新建圣保罗大教堂的高度不如从前，但其圆顶成了城市中心区域的象征和地标性建筑。进入20世纪后，它又面临第二次世界大战的空袭，以及周围建筑逐渐变高带来的景观不和谐等问题。对此，我们将在第四章和第六章中阐述。

单一民族独立国家的城市改造

在位于宽阔的直线道路交叉点配置纪念建筑，这一宏伟城市规划虽未能在伦敦大火后的城市改造中得以实施，但在19世纪欧洲各国的首都成为了现实。

在欧美地区教会势力衰退、民主运动萌芽等背景下，建立单一民族独立国家的时代正在到来。为提高国家威望，在巴黎、维也纳、柏林、华盛顿哥伦比亚特区以及巴塞罗那等地，城市改造和建设活动如火如荼地展开。

大规模的城市改造和建设中，对组成"地"的不知名大规模建筑群的整治和管控，远比组成"图"的纪念建筑更重要。历史学家唐纳德·J.奥尔森曾说，19世纪的城市改造和建设应注重的并非大教堂和凯旋门等"非凡的杰作"，而是街边鳞次栉比的"极端平庸之作"（《作为艺术作品的城市》）。即应着眼于普通建筑，通过屋檐线和墙面一致的"极端平庸之作"，构成秩序井然的街道景观，使作为地标性建筑的"非凡的杰作"光彩夺目。

下文将进一步讨论19世纪城市改造和建设中的高度，其中，城市改造选巴黎为例，新城市建设则以华盛顿哥伦比亚特区为代表。

巴黎的城市改造

在19世纪的城市改造中，要说规模巨大，改造彻底，当属巴黎。源于拿破仑三世的构想，并由塞纳省省长乔治·欧仁·奥斯曼担任指挥的改造规划，意图对维持中世纪城市样貌的巴黎实施"切开手术"，通过大街道路网重新构建城市。以格子状道路、放射状道路及环状道路的交叉组合为基础，在多条大街的主要交会处建设环形广场和纪念建筑。

巴黎大改造期间，在重视美观的同时，还改进了交通、卫生、治安等方面，实现了分散人口等目的。这次改造证明重新规划道路的方法行之有效，让居民感到赏心悦目。

19世纪中叶，巴黎存在人口过密、交通堵塞、贫困、卫生条件差、疾病、犯罪及暴动等问题。19世纪初，巴黎约有50万人口，半个世纪后，人口数量倍增至约100万。然而，城市构造几乎还是中世纪的延续——狭窄弯曲的街道旁，无序排列着高层公寓，缺乏光照、通风差，环境恶劣。据说还有不少人将脏东西从窗口抛到街上，恶臭刺鼻。

巴黎的城市环境如此恶劣，这让拿破仑三世极为反感。加上长期流亡国外的生活经历，伦敦整洁有序的街道早已深深打动了他。所以，拿破仑三世始终梦想以伦敦为榜样，彻底改变巴黎。

奥斯曼指挥的巴黎大规模改造

1850年总统在任时期，拿破仑三世做了如下演讲，展示他通过城市改造来美化和改善环境的热情。

> 巴黎是法兰西的心脏，为美化这个伟大的城市，我们不该倾尽全力吗？开通新道路，将缺少空气和阳光的人口稠密地区变得整洁明亮，让健康的光芒照亮建筑的每个角落吧！
>
> ——鹿岛茂，《怪帝拿破仑三世》

于是，1852年就任皇帝后，他立刻开始了大改造工作，使其梦想成真的人则是塞纳省省长奥斯曼。奥斯曼既非土木技术人员，也非建筑师，而是一位能干的行政官员。他任用优秀的专业人才，让他们来推进执行规划，充分发挥了众人的聪明才智。拿破仑三世是大改造的发起人，具体的实施者则是奥斯曼。甚至有人说："没有奥斯曼，就没

左：巴黎大改造后的街景（奥斯曼大街）。引自：乔纳森·巴内特，《城市设计》（2011），
劳特利奇，p.79，《谢普的世界摄影》（1892）
右：巴黎凯旋门。摄影：讲谈社

有巴黎大改造。"因此很多人称这次改造为"奥斯曼的巴黎大改造"。

奥斯曼实施的大改造将街道、广场、公园及下水道等城市基础
设施作为整体进行整治，在此基础上，还对政府和民用建筑的建设
进行了引导，尤其是对街道的整治，成了大改造的核心内容。

街道整治依据以下三个原则向前推进：拓宽旧街道，并将其修直；
将主干道做成复线，使交通往来变得顺畅；重要地点用斜交路连接。
由于原来的道路宽度无法完全满足直线型道路和网络化工程的需要，
有时也需要拆掉建筑，开辟新道路。

之所以这样整治街道，不仅是为了确保交通顺畅、日照及通风，
还因为原有的街道狭窄且如迷宫一般，已成了犯罪的温床和反政府组
织理想的隐身之处。奥斯曼希望开通宽阔的新路，使旧街道焕然一新，
让治安状况得到改善。

这种城市改造的难点在于，所有工作都要在不妨碍巴黎市民日常
生活的前提下进行，也就是对城市做"活体手术"（松井道昭，《法兰
西第二帝国时期的巴黎城市改造》）。奥斯曼的大改造因此被比喻为"巴
黎的外科手术"或"大开膛手术"。

城市改造中的高度限制

在如此大规模的城市改造中，对组成"地"的无名庞大建筑群的整治和管理，远比作为"图"的纪念性建筑重要。因为即使有笔直延伸的大街，街上的重点位置也配有纪念建筑，只要街边建筑散乱不堪，就不可能营造出令人满意的景观。所以要采用统一标准，对沿街建筑群进行整治。

表 3-1 17 至 19 世纪巴黎的建筑高度限制

年代 路宽	1667 年	1784 年	1859 年	1884 年
7.8 米以内 【7.5 米以内】		36 步（11.7米）以内	11.7 米以内	12 米以内
7.8 至 9.75 米 【7.5 至 9.4 米】	8 突阿斯（15.59 米）以内	45 步（14.6米）以内	14.6 米以内	15 米以内
9.75 至 20 米 【9.4 米以上】		54 步（17.6米）以内	17.55 米以内	18 米以内
超过 20 米			20 米以内，6 层以内（不含阁楼）	20 米以内，6 层以内（不含阁楼）

※【】内是 1859 年以前的数值，1859 年以后采用米制。数值截至 1884 年的政府令。
根据铃木（2005 年）、菲洛（2011 年）制表。

方法之一，就是根据街道宽度采取限高措施。根据 1859 年的规定，建筑高度（不含阁楼）分别被限制在 11.7 米（路宽不足 7.8 米）、14.6 米（路宽 7.8 至 9.75 米）、17.55 米（路宽超过 9.75 米）。在路宽超过 20 米，并要求外观一致（配备阳台、屋檐线）的情况下，最高允许 20 米或 6 层的建筑。

其实在奥斯曼的城市改造之前，巴黎就已经对建筑高度实施了限制。

17 世纪前半期的住宅几乎都是 4 层建筑，由于后期普遍向高层发展，1667 年将檐高度限制为 15.59 米。然而，由于屋顶的高度不在限制范围内，又出现了"修建楼上楼"的做法，"奇高的建筑与狭窄的街道，形成了奇妙的对比"（玛斯亚，《18 世纪巴黎生活志》）。据说这就是 18 世纪巴黎的街道状况。

18 世纪后，人们逐渐意识到，人类的健康需要清洁的空气和阳光。1784 年，对根据道路宽度制定的三个等级的高度限制，政府又做了重新规定，以保障日照、采光和通风等条件。

此前限高的目的主要是确保日照和防灾，但奥斯曼实施限高主要是为了积极地"营造美观"。两者大相径庭。

尽管如此，只依靠统一的高度，还是无法获得预期的美景。于是，奥斯曼对每座建筑的设计也做了规定，具体来说，除规定每层的高度不得超过 2.6 米外，还规定了屋顶高度、天窗的出挑方式及烟囱高度等等，并在土地买卖合同中加入经过设计的阳台、屋檐线及屋顶等条款，使建筑物正面得到一定程度的统一。

20 世纪的建筑师勒·柯布西耶曾说："奥斯曼只是将破旧的 6 层建筑变成了奢华的 6 层建筑，所以，只是建筑的实际价值有所提高，数量并未增加。"（《明日之城市》）他对巴黎改造提出了批评。但事实上，由"实际价值提高"所产生的无数"极端平庸之作"，恰恰体现了奥斯曼城市改造的核心价值。毫无疑问，它为延续至今的巴黎的街道模式打下了基础。

拿破仑一世的凯旋门

奥斯曼城市改造的特点之一，就是在几条大街交会处设置堪称"非凡杰作"的纪念建筑，并使之与广场相互映衬。这些纪念建筑有凯旋门、巴黎歌剧院（加尼叶宫）、旺多姆广场的纪念柱、协和广场的方尖碑等，其中有些是既有的。为突出这些建筑，对道路和广场进行了重新规划。

其中最具代表性的当属 50 米高的凯旋门，这是拿破仑一世为纪念奥斯特里茨战役战胜胜利而下令修建的。它于 1806 年开始建设，模仿古罗马君士坦丁大帝的凯旋门，象征着"从胜利走向胜利的皇帝"（S.E. 拉斯姆森，《城市与建筑》），但因拿破仑一世下台，建筑工程被迫中止。直到 1836 年，才举行揭幕仪式（实际落成时间是 1844 年）。

巴黎凯旋门高 50 米，是君士坦丁凯旋门的两倍多。不仅是拿破仑，世上许多当权者都在重复着同一件事情——不断借鉴之前的伟大文明孕育的建筑构想，并建造更加巨大的建筑。

华盛顿特区美国观念的体现

罗马城改造、伦敦复兴以及巴黎大改造，都是在已有的城市基础上尝试改变。

而美国首都华盛顿哥伦比亚特区，完全是在一片荒地上建起来的。1791 年，即《美国独立宣言》颁布 15 年后，它根据出生在法国的皮埃尔·查尔斯·朗方少校的首都规划建设而成。该规划的特点是：在直线大道的主要交叉点配置国会大厦、总统官邸（白宫）、华盛顿纪念碑等象征性建筑和广场。

具体如下：

（1）格子状道路和放射状道路交织构成街道；

（2）在格子状与放射状道路的交叉处设立主要广场和建筑；

（3）将象征国家的国会大厦和总统官邸等建筑用斜交轴相连，造成视觉上的相互关联；

（4）以国会大厦和总统官邸为中心，分别设定东西轴和南北轴，在其交叉部位设立纪念碑（现在的华盛顿纪念碑）。

由议会大厅向西延伸的东西轴是一条宽 120 米、全长约 1.6 千米的林荫大道，华盛顿纪念碑就位于其中心。

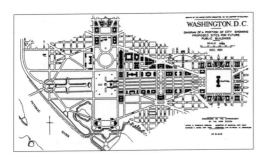

华盛顿哥伦比亚特区的城市规划图。引自：乔纳森·巴内特，
《城市设计》（2011），p.83 [H.V. 兰彻斯特，《城市规划的
艺术》（1925）]

　　这种街道的构成和纪念建筑的配置方式与罗马、巴黎、凡尔赛
等城市有许多相同点，但华盛顿哥伦比亚特区有自己独特的见解。

　　等距离、直角交叉的格子状道路，不仅考虑到防灾和环境卫生，
更象征着美国的民主主义理念，即自由与平等（当时奴隶制尚存）。在
放射状道路的焦点部位配置构成联邦、代表各州的广场，并将国会大
厦和总统官邸收入其中。

　　这种构架体现了平等的理念和各州的独立，最终又在联邦政府之
下得到统一。这种"联盟制"展现了美国的国家理念和权力构造。另
外，尽管国会大厦和总统官邸与宾夕法尼亚大道相连，但其距离超过
了 1 英里。有观点认为，这体现了"立法权和行政权之间的制约与平衡"
（入子文子，《美国的理想城市》）。

狄更斯的讽刺

　　在美国，针对新建筑高度的规定很早就已出现。1791 年制定的建
筑条例，将高度限制在 35 英尺（11 米）以上、40 英尺（12 米）以下。
该规定实施的时候，首都建设的推动者之———托马斯·杰斐逊造访
了以巴黎为代表的欧洲，研究各城市的条例。虽然这是在前述巴黎大

改造的半个世纪前，但巴黎和伦敦已经开始谋求根据道路宽度实行高度限制，以整改城市环境。

华盛顿哥伦比亚特区对高度的限制不仅仅针对上限，对下限也做了规定。其出发点，是想通过这样的限制，缩小沿街建筑高度的落差，使"地"的景观得到统一。

然而，实际情况却是首都建设进展缓慢。道路等城市基础配套设施不完整，高度限制等建筑条例削弱了商人对城市开发的投资意向，使得土地买卖举步不前。

终于在1796年，制定5年的建筑条例被暂时叫停了一段时间；1801年完成首都迁移后，建筑条例再次被叫停。整个19世纪，美英战争和南北战争等诸多因素都导致首都建设停滞不前，高度限制也始终没有落实。

在英国作家查尔斯·狄更斯的旅行日记中，也有关于华盛顿哥伦比亚特区开发进度滞后的记载。1843年，狄更斯访问美国，面对建设工作没有丝毫进展的华盛顿哥伦比亚特区，他讽刺道，这并非"有硕大空间的城市"，只能姑且称为"有宏伟规划的城市"。狄更斯还描述了当时冷清的城市状况："约1英里长的大街衍生出的道路、房屋及居民寥寥无几，公共建筑甚少有公众问津。"（《美国手记》）

1894年，160英尺（约49米）高的公共住宅出现，高度限制条例重新启动。虽然比当初的限制大为宽松，但公共住宅和办公大楼依然分别被限制在90英尺（约27米）和110英尺（约34米）。1899年，政府又对高度限制做了如下修改：木制不耐火建筑为60英尺（约18米），住宅区为90英尺（约27米），最宽阔的大街沿线为130英尺（约40米）。尽管高度限制多少有所放宽，但为了突出象征性建筑物，保全景观效果，普通建筑仍然不得超过国会大厦之类重要政府设施。

国会大厦的圆顶

接下来，我们看看作为"图"的象征性建筑——国会大厦和华盛顿纪念碑吧。

国会大厦是一座白色圆顶建筑。沿东西方向贯穿华盛顿哥伦比亚特区的林荫大道东端有一座山丘，国会大厦就在这座山丘之上。象征古典主义的纺锤形屋顶使人联想到罗马的圣彼得大教堂和伦敦的圣保罗大教堂，圆顶之上还有一尊自由女神的青铜雕像。大厦高约 87.8 米，远不及圣彼得大教堂和圣保罗大教堂，但它耸立在被朗方称为"留待建设纪念碑"的小山丘上，若加上山丘的高度，则大厦的外观高度超过了 100 米。

原本在采用朗方的规划方案后不久（1793 年），国会大厦就开始建造了。然而，在今天看到的圆顶完成之前，遇到了众多障碍。

最初建造的国会大厦圆顶和今天看到的不同，是在罗马万神殿风格的半球形外面覆盖一层薄铜板的木制结构。工程开始后，在资金、技术等方面举步维艰。1814 年美英战争时期，总统官邸和国会大厦又遭英军攻击，建设工程无法如期推进。

圆顶大约完成于开工建设后的第 40 年（1830 年），但仅仅 25 年后（1855 年），人们就决定用更高的铸铁圆顶取而代之。

于是，今天人们看到的圆顶，在 1863 年正式亮相。

虽然崭新的白色纺锤形圆顶模仿了圣彼得大教堂、圣保罗大教堂和巴黎的万神殿，但有两点与这些建筑不同。

第一，后三座建筑都是教堂（巴黎的万神殿原是圣女日南斐法修道院，而华盛顿哥伦比亚特区的是国会大厦）。国会大厦的建立，象征着宗教权力相对削弱，单一民族独立国家的权力基础逐渐确立。

第二，国会大厦圆顶并非石制，而是铸铁的钢筋结构。它宣告了新材料——铁的时代到来了。铁逐渐成为埃菲尔铁塔、芝加哥及纽约

左: 国会大厦。摄影: 中井检裕
右: 从威斯敏斯特大桥展望大本钟和议会大厦。摄影: 讲谈社

的摩天大楼等高层建筑不可或缺的材料, 这部分内容将在下一章详述。

为何仅仅建成25年, 人们就将当初的圆顶换掉了呢?

原因之一是建筑设计问题。当时, 为适应议员人数的增加, 国会大厦必须扩容, 于是将北翼和南翼这两部分做了横向扩充。在圆顶高度不变的情况下将建筑物横向延长, 打破了原有建筑(水平方向和垂直方向)的整体平衡。

还有一个原因, 在当时的美国, 把圆顶做大的呼声甚高。19世纪20年代到60年代, 南北战争前, 新兴国家美国奉行强硬的外交政策, 谋求向西部扩张。截至1848年底, 已将西南部、加利福尼亚及俄勒冈等地吞并。同年, 人们在原墨西哥领土的加利福尼亚发现了金矿带, 梦想一夜暴富的美国人纷至沓来, 移居至此。这就是所谓的"淘金热"。

伴随着领土扩张和边界开拓, 美国国内人口急剧增长, 议员人数相应增加, 旧有的国会大厦变得狭窄。这样一个不断推进领土扩张的强国, 应有一座与其相匹配的国会大厦。因此, 人们对更大、更高的圆顶的强烈诉求就变得自然而然了。

同一时期(19世纪50年代), 大西洋彼岸的英国正在推进1834年被大火烧毁的议会大厦的重建工作。1859年, 建成了高96米的钟塔, 以"大本钟"之名而流传于世。虽然高度相差不多, 但在建筑样式上,英国的议会大厦为哥特复兴式，美国国会大厦则为巴洛克式，两者形成了鲜明的对照（说句题外话，19世纪末以后，在美国芝加哥和纽约的摩天大楼的设计中，哥特式建筑的垂直性表现依然得到了运用）。

华盛顿纪念碑

华盛顿纪念碑耸立在国会大厦向西延伸的林荫大道中央，建成于1884年，1888年对公众开放。建造目的是为颂扬美国独立的中心人物之一、首任总统乔治·华盛顿的丰功伟绩。纪念碑的形状模仿埃及的方尖碑，高约555英尺（约169米），在1889年巴黎埃菲尔铁塔建成前的5年时间里，是世界上最高的建筑物。

虽然华盛顿纪念碑的形状和方尖碑相同，但存在以下三个明显差异。

首先是大小。在第一章已经谈到，方尖碑的高度约在20至30米，加上底座也不足50米，而华盛顿纪念碑高达169米，相差巨大。

其次，方尖碑由一块石头制成，而纪念碑则是由多块大理石堆砌而成，据说它象征着美国"合众为一"的理念（这句话也刻在美国国玺和硬币上）。

最后一点，人可以走进纪念碑的柱体内参观。内部设有台阶（共计900阶）和垂直升降电梯，与观景台相连。在将首都一览无余的观景台上，可以看到对面的国会大厦、总统官邸，以及林肯纪念馆等主要公共建筑。这座纪念碑俨然成了华盛顿哥伦比亚特区中心的象征。

与国会大厦一样，华盛顿纪念碑的建设工作同样遇到了很大阻力。在1791年朗方的首都规划中，原本决定（在如今的纪念碑附近）设立华盛顿的骑马雕像。在朗方的祖国法兰西，将骑马雕像当成纪念物是惯用的做法。例如，巴黎旺多姆广场有路易十四的骑马雕像，协和广场则有路易十五的骑马雕像（后分别改换为纪念柱、方尖碑）。

华盛顿纪念碑。摄影：讲谈社

但在规划过程中，骑马雕像变更为纪念碑。1833年，华盛顿国民纪念碑建设协会成立，1845年，将所建纪念碑定为方尖碑形状。这一过程充满了曲折。

建碑之际，纪念碑建设协会曾请世界各国捐赠碑内部镶嵌的纪念石（日本捐赠了箱馆、下田的石头，由马休·佩里司令带回美国。黑船来航，也有给华盛顿纪念碑搜集纪念石的目的）。

但在1854年（佩里来到浦贺的第二年），罗马教皇捐赠给美国政府的大理石被盗，据说这块大理石原本是用在罗马神殿的。这件事招致了美国国民的愤怒，捐款失去来源，工程被迫中断。

1861年南北战争爆发，工程持续停滞。当时，作家马克·吐温在华盛顿哥伦比亚特区担任报社记者，看到建到一半的纪念碑。他在小说中描写道："国父纪念碑耸立在泥潭之中，（中略）简直可以说是一根折了顶的烟囱。"（马克·吐温、查理·华纳，《镀金时代》）1884年，纪念碑才最终完工，自决定设立骑马雕像算起，已过去将近100年。

决定选用方尖碑形状的原因之一，是它象征着永恒的古代文明。设计者意图通过人所共知的古埃及伟大文明的威望，祈求美国长盛不衰。

还有不少意见影响了纪念碑的修建。起初计划建造的华盛顿骑马雕像，被看作是对华盛顿个人的神化和赞美，和美国自由与平等的国家理念相悖。而方尖碑是远古文明的象征，与特定的个人和权力无关，能更单纯地代表至高无上的国家理念。

近世、近代日本的"城市高度"

本章内容涉及 15 至 19 世纪，约为日本的战国时期至江户时期，以及德川幕府瓦解后的明治时期。

这一时期，代表日本的高层建筑之一，应该是构成城堡核心的天守阁。它相当于中世纪欧洲城堡中的"主塔"。如前所述，在文艺复兴之后的欧洲，由于大炮这种攻城利器广泛用于战争，原本以主塔为核心的筑城方式由盛变衰。但在日本，16 世纪末至 17 世纪初反而是建造天守阁的鼎盛时期。

由军事目的诞生的天守阁，还包含着展现领主权力和权威的意图。

战乱过后，日本进入德川幕府统治下的太平盛世，随着城下町的发展，天守阁的实用意义大大降低，转变成象征性建筑。

如果把天守阁当作"图"，围绕天守阁的城下町当作"地"，那么基于封建社会身份制度对城下町的建筑实施高度限制，禁止以商人为主流的庶民铺张浪费，就是在所难免的了。

明治维新后，进入文明开化的时期，城郭作为封建制度的遗留逐渐被破坏，基于身份制度的高度限制规定也被废除。为打造现代国家的形象，西洋风格的塔式建筑组成了现代城市的"图"，东京在银座和丸之内等处加大针对"地"的街道建设，以谋求现代化。

天守阁的诞生与发展

由于中世纪末至近代连续不断的战乱，日本的城郭建筑得到快速发展。中世纪的城堡以利用自然地形的山城为中心，与欧洲的城寨式城堡相同，多采用在山上架围栏、挖壕沟及筑堡垒等简朴的方式。随着城郭建筑的进步，用作军事据点的天守阁诞生了。

一般认为，天守阁的出现是中世纪井楼、高楼等望楼①发展进步的结果，可一直追溯到室町末期。将武家公馆主殿的重要部分和军事上起瞭望作用的望楼功能组合起来，就形成了天守阁。天守阁一般建在城郭中心，这样一来，领主从高处观察掌握城堡内外情况的时候，城楼内外的本方人员都能看到他。

织田信长的安土城

如今我们看到的天守阁样式，应该出自织田信长建造的安土城。据说以天守阁为中心的近代城郭的组成方式，也是在安土城建后确定的。

1579 年，信长在位于琵琶湖附近的安土山顶建造了安土城，其外观为 5 层，建筑高度 32.4 米，若加上作为台基的石头墙高，则高度合计为 45.9 米。安土山的标高是 190 米，从安土城可以俯瞰琵琶湖，周围的任何地方也都能仰望安土城。安土城因此成了地标性建筑。

当时，葡萄牙传教士路易斯·弗洛伊斯正在日本进行天主教的传教活动。他在《日本史》一书中曾提到安土城："信长于中央山顶兴建宫殿和城楼，构造坚固、极尽奢华，足以与欧洲最雄伟之城比肩。"（《全译本弗洛伊斯日本史③　安土城与本能寺之变》）从这份描述中，可一窥当年的安土城是何等绚丽豪华。

信长是无神论者，曾火攻比叡山延历寺，以对宗教苛刻而闻名。他公开神化自己："除信长外，没有值得敬拜之人。"或许对信长而言，庄严的天守阁，是将其神化的一种具体表现。

---

①建于城市或城墙上的有一定高度的建筑，主要目的是登楼望远。

为使天守阁在视觉上引人注目，信长用大量灯笼照明。弗洛伊斯写道："它高高地耸立着，无数的灯笼汇集一起，宛如天空在燃烧，是无比绚丽的景观。"可以说，灯火烘托了城楼，也强调了信长本身。

丰臣秀吉的大阪城

1590 年，丰臣秀吉统一天下，以安土城确立了天守阁这一建筑模式。他动手修建的大阪城是以安土城为标准的城郭。造访过大阪城后，弗洛伊斯在给祖国的报告中写道："筑前殿（指秀吉）在该地（大阪）建起了宏伟之城，中央为一高塔，四周设壕沟、护墙及堡垒……其宏大、精巧、美观，可与新建筑匹敌。尤以金蓝二色装饰的层层塔楼，远望甚为壮观。"（冈本良一，《大阪城》）由此可见，当时大阪城的豪华壮丽，足以与安土城相媲美。

庆长的筑城热

之后，以安土城和大阪城为标准，全国的领主开始在各自的领地上建设城郭。尤其在庆长年间（1596 至 1615 年），众多城楼拔地而起，也就是所谓的"庆长筑城热"。

据 1609 年的《锅岛直茂公谱考备》记载："今年日本国内建天守阁 25 座。"（内藤昌编著，《城楼日本史》）短短 1 年的时间就建起 25 座天守阁。姬路城、松本城等大多数现存的天守阁，都建于庆长时期（见表 3-2）。日本的筑城技术也由此上升到了新的高度。

但随着德川幕府统治地位确立，一国一城令的颁布使筑城热沉寂了下来。

一国一城令

大阪夏之阵后，德川家康统一了全国。幕府担心重起战乱，限制各领地的军备扩充，筑城尤其被视作战争的重要原因。1615 年幕府制定了"一国一城令"，作为武家各项法令的一部分。

按字面解释，这项规定要求一处领地只建一座城楼。即只允许保留领地内具有政治和经济意义的统治中心，其余城楼一律废除。除少数例外，禁止新建城池，改建和修缮也必须得到幕府的同意。

战国时代到庆长筑城热时期，大约建造了 3000 座城楼，一国一城令之后，城楼的数量却急剧降至 170 座，足见此法令实施之严厉。法令之中还包含了幕府向各领主施加影响力的用意，换言之，面对各领地反幕府势力的军备扩充，德川幕府已陷入极端的恐惧。

表 3-2 16 世纪末至 17 世纪初建造的主要天守阁

建筑名称	建造时间	建筑高度(米)	石墙高度(米)	总高度（建筑及石墙，单位米）
安土城	1579	32.42	13.48	45.91
冈山城	1597	23.03	3.09	26.12
松本城	1597	25.18	4.36	29.54
松江城	1611	22.44	7.92	30.36
姬路城	1609	31.5	14.85	46.35
名古屋城	1612	36.06	12.48	48.55
二条城	1626	25.15	8.12	33.27
大阪城（德川时期）	1626	43.91	14.39	58.3
江户城	1638	44.85	13.79	58.64

根据内藤（2006）p.214、内藤编著（2011）p.138 制表

江户城与大阪城

尽管幕府对各领地的筑城做了限制，周遭依然有人大兴土木，江

松本城。摄影：著者

户城和大阪城就是其中的代表作。

大阪之阵后的 1619 年，作为政治和经济上的要地，大阪成了幕府的直属领地。在大阪之阵中遭破坏的大阪城也因此得以重建，并于 1626 年完成。大阪城瞭望塔外观为 5 层，高 43.91 米，加上石头墙台基，总高 58.3 米。那时，对城墙下的民众而言，说到"城"，必指享誉"宏大、精巧、美观"盛赞的丰臣秀吉的大阪城。对新大阪的统治者德川家族来说，要想一展幕府的雄风，其建筑规模必须远超丰臣时期。

江户城的建筑规模远超大阪城，将军在此长期居住，它建成于 1638 年，即第三代将军德川家光时期。天守阁外观为 5 层，高 44.85 米，加上石头墙的高度为 58.64 米。它不仅是日本最高的天守阁，规模甚至远超东寺五重塔和东大寺大佛殿（现存的东寺五重塔为家光重建）。由于建造天守阁的地点标高约 25 米，本就是城中最高处，所以天守阁成了江户人人都能看到的地标性建筑。

未重建的天守阁

随后日本迎来被称作"德川盛世"的和平年代，曾经的军事设施天守阁成了无用之物，甚至有人说它是用于装饰的城楼。另一方面，随着时间的流逝，天守阁的修缮工作也提上了议事日程。但由于各领地的经济状况窘迫，连主城的修缮都难以维持，导致建筑开始腐朽。还有些天守阁被大火烧毁，但由于其军事作用逐渐减弱，其中许多得不到重建，只剩下孤零零的天守台。江户城的天守阁就是典型例子。

1657 年的明历大火把江户烧为灰烬。9 年后发生的伦敦大火烧毁面积约 176 公顷，而明历大火的受灾面积约是其 15 倍——2574 公顷。"大名屋敷上中下合计 500 余座，旗本屋敷 770 余座，组屋敷不计其数。神社佛阁 350 余座，桥梁 60 座，街市集镇 400 町，村庄散户 800 町——总计 22 里 8 町皆化为焦土，死者 107046 人。"（中村彰彦，《保科正之》）由此可了解受灾程度。当然，大火也殃及到了江户城，包括天守阁、本丸、二之丸、三之丸的各府邸均被烧毁。

城楼的重建规划经过反复修改。大火两年后的 1659 年，第四代将军德川家纲的助手保科正之（会津领主）对重建提出了反对意见：

"天守阁乃近代织田右府（信长）以来之事，其城不可谓无用，然今唯瞭望有功。而武士百姓大小之辈皆欲建宅立屋，朝廷修缮工程浩大，妨碍百姓生计。目下非斥资兴业之时，当延期修造天守阁为宜。"（中村彰彦，同前书）

也就是说，那时的天守阁已不具备军事意义，已经沦为一座远眺的观景台。保科正之建议，当下应对城下町的复兴倾尽全力，不该将国家经费用在天守阁上。于是天守阁最终未得重建，只将石墙堆砌的天守台做了修整。自建成之日起，天守阁存在于江户的时间不足 20 年。

还有其他原因导致天守阁未能重建。观点之一是，能远眺富士山和筑波山是江户的象征，相比之下，天守阁等人造地标性建筑变得可有可无。

天守阁未得重建的情况不只江户存在，1665 年，即明历大火 8 年后，大阪城天守阁也因雷电引发的火灾化为灰烬。有了江户的先例，这座天守阁的重建也被搁置，直至 1931 年才恢复原貌，重现大阪街头。

相关话题将在第五章讨论。

城下町的高度

至此，我们已了解了作为"图"的建筑——天守阁，那么作为"地"的城下町的高度又如何呢？

时光要追溯到丰臣秀吉统一天下的 1590 年。作为京都城下町建设的重要环节，秀吉对伏见到京都的"御成道"沿线进行整治。具体说来，是通过规定建筑高度的方式整顿集镇的街道。在弗洛伊斯的《日本史》中，有关于这次高度限制的记载："暴君关白（指秀吉）日日修造都城（指京都）前所未见之建筑及豪宅。君令尽拆城内平房宅屋，统一改建成2 层楼房。"由此可见，秀吉力求通过高矮一致的 2 层建筑，达到街道景观的统一。

这次对街道整治的设计深受当时欧洲城市规划的影响。通过 1584年弗洛伊斯的书信可以看出，描绘罗马的城市绘画让日本的领主对罗马天主教会的辉煌和兴盛印象深刻。这一年，西斯都五世宏大的罗马改造计划尚未启动。这是一项旨在恢复罗马权威的城市开发计划，1584 年，计划中的直线街道建设已开始进行。若说秀吉是看到描绘这些罗马城市建设的绘画之后，怦然心动并萌生出规划首都景观的想法的，也不足为奇。

依照身份制度制定的 3 层建筑禁令

到了德川幕府时期，江户也开始有了 3 层建筑。看一下描绘江户时代初期市区景象的《江户名所图屏风》和《江户图屏风》就可以确定，在日本桥一端路旁的商家中，有 3 层的望楼。据说江户中心区以 2 层建筑为主，而在日本桥到新桥的东海道沿线，主要街口建有 3 层望楼。目前尚不清楚当时 3 层望楼的具体用途，一种较有力的说法是"认为这是腰缠万贯的商人为炫耀排场和财富而追求的象征性建筑物"。（早田宰，《我国城市住宅群像的形成过程——以近代江户时期的影响为核心》，《早稻田人文自然科学研究》第 53 期）

幕府以维护封建秩序为由，限制象征财富的 3 层建筑。随着中央集权式封建体制的确立，社会身份地位逐渐被重视。1649 年，《三阶仕间敷事》颁布，这是一部严禁 3 层建筑的城市法令（近代史料研究会编，《江户城市法令大全》第 1 卷），其后又多次强化禁令。18 世纪前半期的享保改革中，第八代将军德川吉宗要求民众"建房尽量压低梁高"。1806 年，进一步将梁高限制在 2 丈 4 尺（约 7.3 米）（内藤昌，《日本城市风景学》）。

高度限制的初衷是遏制富有商人的奢侈之风、维护身份制度，最终实现了屋檐线一致的景观。伦敦和巴黎等欧洲城市的高度限制是出于防灾、改善日照、保护景观等环境方面的考虑，而在江户时期的日本，高度限制是封建身份制度具体化的一种手段。

然而，到了幕府末期，突破高度限制的建筑不断增加。富裕起来的市民阶层开始有能力与武士阶层抗衡。幕府的根基——身份制度的衰退便体现在街道的外观上。此外，随着面向普通市民的色情和娱乐场所不断增加，建筑也逐渐呈现规模化。比如，郊外的餐馆和花园等场所已允许建造 3 层的楼阁建筑。高度限制不适用于花街柳巷，那里的建筑不仅高大，还拥有宽阔的内部空间。花街柳巷和庭园为平民提供了超乎寻常的空间，被看作脱离世俗规定得到特别许可的场所。

明治维新后天守阁的拆除与高度限制的废止

19 世纪中叶，欧洲各国相继进行首都改造之时，日本正值德川幕府倒台，向明治新政府统治的国家转型的时期。主张富国强兵的明治政府为推动国家现代化，积极引入西欧列强在技术、政治、行政等方面的统治体系。文明开化时期有句口号："脱亚入欧"。通过拆除象征上一个体制的天守阁、解除基于身份制度的高度限制来谋求"脱亚"，又通过兴建象征现代化的西洋风格建筑和街道来推动"入欧"。

1873 年，太正官们决定将东京城（江户城）等 43 座城楼作为第一要塞保留，废弃 14 座城楼、19 处要塞及 126 个营地。保留也并非保留城楼整体，而是将其改为陆军管辖的军用基地。废弃的城楼移交大藏省，以投标方式向普通民众出售。

在改变用途和向民众出售的过程中，不少天守阁被当作封建时期的遗留物而遭到破坏。比如，会津藩若松城就在戊辰战争中新政府军攻城时严重损毁，1874 年，以天守阁为首的城郭被拆除。天守阁此前虽长期搁置，但戊辰战争期间，藩主松平容保在其中固守了 1 个月。到了幕府末期，天守阁终于发挥其最初的军事要塞作用，却被彻底毁坏，极具讽刺意味。

明治政府破坏天守阁和城墙的同时，也采取了一些保护措施。1879 年，陆军省太正官批准用国库经费永久保存名古屋城和姬路城。理由是这两座城乃"全国屈指可数之物""名古屋城规模宏大""姬路城机关精巧"，若"永久保留"，可以"见证本国古代筑城之典范"。（木下直之，《我的城下町》）

另一方面，民间也对天守阁进行了保护。如今被定为国宝的松本城天守阁在明治初期险遭厄运，不仅被拍卖，中标者还曾想将其拆掉。当地知名人士市川良造呼吁保留这座天守阁，用在松本城举办博览会的收入重新将其购回，严加守护。

幕府末年的 1867 年 9 月 26 日，老中稻叶正邦美浓守（幕府官职）向下属三级地方官颁布法令，正式解除了自 1649 年开始实行了长达200 余年的"禁止修建 3 层住宅"的禁令。这是第十五代将军德川庆喜上奏的"大政奉还"即将被天皇接受之前的事情。据记载，解除这项禁令的理由，是有些地方人口稠密、住宅不足、百姓怨声载道、住宅建设阻力重重。（石井良助等编著，《幕末政令集成》第4卷）随着城市人口密度的增加，结合当时的情况，政府不得不考虑增加楼层。次年10月2日，名主（町官名）发布了内容相同的告示，向全体市民广而告之。（近代史料研究会编，《江户町告示集成》第18卷）

文明开化与仿西洋建筑

在象征上个体制的天守阁被破坏、基于身份制度的高度限制被解除的过程中，仿西洋式的高大建筑开始改变街头的面貌。

明治时期，对西洋文明感觉敏锐的木工匠人以日本传统的木制建筑为基础，建造出许多融合西洋设计风格的"仿西洋建筑"，可以说是日本最早迎接现代化的高层建筑。

其代表之一是建于1872年的第一国立银行大楼。大楼在双层建筑上加盖一座仿天守阁的5层塔，兼具日本和西洋特色。虽说迎接现代化，但一直以来，天守阁都是日本高大建筑的代名词，人们还无法从这一印象中摆脱出来。兜町日本桥河流沿岸的第一国立银行成了东京的新名胜。外地来的旅客中，有人拍手称赞，有人敬献香资，或许在他们眼里，这就是一座灵验的寺庙佛塔。

像这样在仿西洋式建筑上增建塔楼的情况很多。正如日本文学家前田爱所说，明治初期的塔楼是"追求上进的象征"，是文明开化的象征（前田爱，《城市与文学》）。塔楼作为"炫耀文明城市的设施"，"在感官上激发了人们内心对遥远西方世界的向往"。但归根结底，"塔楼是站在地上仰望的"，而非"供人们攀登、欣赏大地景色的"。（前田爱，《城市空间中的文学》）换言之，对很多人来说，塔楼仍是需要仰望的建筑，和之前的佛塔、天守阁并无二致。

尽管文明开化时期建造了许多兼具日本和西洋风格的仿西洋建

第一国立银行大楼（日本建筑学会图书馆所藏）。
引自:《明治百年的历史》（1968），讲谈社，p.110

筑，但这类建筑在总建筑数量中占比很小，只是分散在传统的街道上。西洋化进程不仅靠作为"图"的单一建筑，还可在作为"地"的街道构成方面进行尝试。下面，让我们去看看银座炼瓦街和丸之内办公街。

银座炼瓦街计划使街道规划整齐划一

明治时期，江户改名东京，但城市的主体建筑依然为木制，频遭大火侵袭。1872 年 2 月 26 日，东京发生大火，从银座至木挽町、筑地等约 95 公顷的区域被烧毁。

明治新政府迅速做出决定，将作为东京脸面的银座改建成文明开化的样板街。3 月 2 日发布公告，决定尽快拓宽道路，将房屋改成砖造。3 月 13 日，又公布了由外国工程师托马斯·詹姆斯·沃特斯制定的规划方案。该方案欲将银座打造成一条砖造建筑整齐排列、耐火防火、秩序井然的街道。

这一规划方案借鉴了伦敦大火后的高度限制，根据道路宽度（等级）来决定建筑高度，计划建成高度一致的街道。建筑层数规定为：一等道路建 3 层，二等道路建 2 层，三等道路建平房。根据规定，一等 15 间或 10 间（路宽约 27 米或 18 米）的道路，可建造高 30 至 40

尺（约 9 至 12 米）的建筑，屋檐高度不得超过 30 尺。实际上，在原本规定应建 3 层建筑的大街两侧，建成的多为 2 层建筑，平均檐高度约 24 尺（约 7 米）。此外，各行政机构的建筑中，还有些超出了规定的高度。虽然未能完全按照最初的高度限制进行建设，但通过当时的照片可以确定，这一措施总体上达到了统一街道建筑高度的目的。

规划方案公布 5 年后的 1877 年，银座炼瓦街建设基本完成，但按规划完成的只有现在的银座大街和晴海大街。其后经过多次改建，剩余部分又在关东大地震中倒塌殆尽，以街道整齐划一为荣的银座炼瓦街从此不复存在。

丸之内的赤炼瓦街"一丁伦敦"

银座炼瓦街是由政府主导修建的街道。在明治时期，由民间主导的综合性街区规划也逐步展开。丸之内的赤炼瓦办公街就是其中之一。

进入明治时代，丸之内一带被用作陆军练兵场，1890 年被三菱公司的岩崎弥之助买下。第二年，岩崎弥之助在向东京政府提交的规划中提出，鉴于丸之内宫城（如今的皇宫）对面是首都东京的中心区域，应以石造、砖造建筑对景观进行美化。

之后，规划分阶段推进，1894 年，丸之内首座办公楼——三菱一号馆（乔赛亚·康德设计）竣工。这是一座砖造的 3 层建筑，檐高约 50 尺（约 15 米）。这一高度是在考虑了对面马场先大街 20 间（约 36 米）的宽度基础上，在保证比例和谐的前提下确定的。

以这座一号馆为起点，康德及其学生曾祢达藏等设计的红砖办公楼绵亘于马场先大街两侧，这条街道遂被称作"一丁伦敦"。一丁伦敦模仿的是伦敦市中心的金融街朗伯德街。朗伯德街正是伦敦大火后修建的一条赤炼瓦街。在对当地城市核心区域进行整治这一点上，政府主导的城市复兴，和民间主导修建的丸之内办公街理念是一致的。

左：银座炼瓦街（日本建筑学会图书馆收藏）。引自：建筑学会、明治建筑资料委员会编，《明治大正建筑写真聚览》（1936）

右：丸内一丁伦敦。引自：石黑敬章编、解说，《明治·大正·昭和东京写真大集成》（2001），新潮社，p.55

截至 1911 年，丸之内共建成 13 座红砖办公楼，之后转入钢筋混凝土的时代。1968 年，三菱一号馆因破旧不堪被拆除，我将在第五章详细介绍此事。

正冈子规笔下 400 年后东京的高度

三菱一号馆竣工 5 年后的 1899 年元旦，俳句诗人正冈子规以"400 年后的东京"为题，给报纸《日本》写了一篇短文。在文中，他对 400 年后御茶水周围的景色做了如下的遐想："3 层 5 层的楼阁突兀凌空。"（《饭前闲笔》）将 3 层、5 层建筑描写成了未来的高层大楼。

那么，这一时期东京的建筑究竟有多高呢？

回溯 11 年前的 1888 年，通过御茶水正在建设的尼古拉教堂的脚手架上拍摄的全景照片《全东京展望写真帖》，可以看出当时街道的模样（东正教尼古拉教堂的总体设计，由三菱一号馆的设计者乔赛亚·康德负责）。御茶水周围遍布平房和双层房屋，3 层以上的房屋很少。可以想象，正冈子规撰文描写"400 年后的东京"时，情况并无太大变化。下一章提到的高层建筑浅草凌云阁建于 1890 年，但当时只是个例。作为"地"的街道，基本还是由双层建筑构成。

1899 年，虽然丸之内的赤炼瓦街上只建成了 1、2、3 号馆，但已做好了沿街兴建 3 层（2 号馆为单层很高的 2 层建筑）、15 米高的楼房的准备。

这意味着，在正冈子规的想象中，3 至 5 层建筑已经非常高了。

第四章　超高层都市的诞生

——19 世纪末至 20 世纪中叶

建筑师说，不会出现更高的了；工程师说，没法建造更高的了。另一方面，城市规划专家认为，不应再建更高的了；业主则宣称，更高就要亏损了。

——哈贝·威廉·柯尔贝特

尼尔·白士康，《更高》

19 世纪后半期，美国芝加哥出现了高度前所未有的建筑群——钢筋建造的高层办公大楼，即"摩天大楼（skyscraper）"。直至 20 世纪 30 年代初期，摩天大楼在芝加哥和纽约不断挑战新的高度，勾画出新的空间轮廓。

如前章所述，在巴黎、华盛顿哥伦比亚特区等首都规划中，已经开始重视从"建筑高度"的视点去审视城市整体秩序。

而摩天大楼打破了高度的均衡。随着摩天大楼不断拔地而起，人们开始在高处工作和生活，"垂直城市"应运而生（勒·柯布西耶，《当大教堂是白色的时候》）。摩天大楼热潮异军突起，挑战着高度井然有序的时代。中世纪意大利的塔状住宅和钟楼发源于法兰西的哥特式大教堂，曾以这些建筑为代表的"塔的时代"卷土重来。

摩天大楼的出现与两大因素有关，即建造高层大厦的技术和资金。产业革命后的技术开发使高层大厦的出现成为可能，资本主义经济的确立则是高层大厦的后盾。在美国，先进的建筑技术和资本主义经济让一直由贵族和教会垄断的高层建筑走向大众化。摩天大楼开创了一个和之前截然不同的崭新时代。

本章将详述 19 世纪末至第二次世界大战后，迎来真正工业化和大众消费社会后的高层建筑是如何诞生及发展的。内容以美国为中心，兼述同一时代欧洲各城市的高层建筑，以及第一次世界大战后诞生的中央集权国家（意大利、德国等）规划建造的巨型建筑。

和之前一样，本章末节将介绍继续向高层发展的日本建筑。

钢筋、玻璃、电梯

产业革命后，城市里建起很多工厂，人们涌向城市寻找工作。土地需求的增长拉升了地价，住宅、办公等建筑随之开始向高层发展。

建筑技术的进步是向高层发展不可或缺的因素，尤其是钢铁、玻璃制造技术的进步和电梯的发明，为摩天大楼的出现和发展提供了保障。

钢铁与玻璃的进化

以石头和砖等材料建造的砖石建筑先将建材垒砌成墙，用墙体支撑穹顶和屋顶。因此，若向高层发展，出于支撑自身重量的需要，就不得不将底层部分的墙体加厚。随着高度增加，墙体厚度也增加，房间所能利用的空间就会减少。因此，向高层发展也有极限。但是，由于钢铁框架技术的发展，建造更高的建筑变得容易起来。由传统石造建筑向钢制建筑的转变，既推动了建筑向高层发展，也象征着现代化时代的来临。

此外，通过技术开发，冶铁技术经历了铸铁、熟铁到钢铁的发展阶段，铁的强度也不断得到提高。

产业革命以后，铸铁得以大量生产，但质地较脆、无法用在桥梁和建筑上。建筑基本上都是石造，铸铁只被用作支撑石头墙壁的架构。

19世纪40年代，熟铁生产臻于成熟，开始应用于桥梁和铁轨等建设。美国因修建横贯大陆的铁路网，对钢铁的需求量急剧增加，技术水平也不断提高。

重量轻、伸缩力强的钢铁更适用于建筑，但当时高昂的成本制约了钢铁的普及。1856年，美国开始利用获得新专利的贝塞麦转炉炼钢法生产平价钢铁，使平价钢铁普遍应用到高层建筑上成为可能。钢铁的普及，为摩天大楼的出现打下了基础。

以往的砖石建筑必须用石头支撑墙壁，很难将开口部位做大，钢铁框架的结构解决了这一难题。

将玻璃装进开口部位，一方面能将内外分隔开，另一方面还能营造出明亮开放的内部空间。

在市场、拱廊、图书馆、温室、火车站等要求内部空间敞亮的建筑上，钢铁结构和玻璃都得到了广泛的应用。

电梯技术的发展

19世纪，伦敦和巴黎建筑大多是5至6层，这是由人们攀登台阶的习惯高度决定的。升降机的发明彻底打破了这一界限。毫不夸张地说，正是有了上下移动的升降机，才使摩天大楼由梦想变为现实。

1835年，英国诞生了第一部利用动力移动的升降机。它被安装在工厂内，由蒸汽机推动搬运货物。

之后，美国机械技师伊莱沙·格雷夫斯·奥的斯设计出配备防下坠装置的蒸汽式升降机。在1853年的纽约万国博览会上，奥的斯对该升降机做了公开实验，从而一举成名。在观众的瞩目中，他站在升降机上，命人切断吊拉绳索，但升降机筐被两根导轨支撑，并未下坠，安全性得到社会的广泛关注。

当时的绳索是麻制的，1862年开始使用钢丝绳索。1878年又开发出电动升降机，1889年，奥的斯将其转化为商品。他的大名与"奥的斯电梯公司"放在一起，今天仍然家喻户晓。上一章提到的华盛顿纪念碑，以及将要谈到的埃菲尔铁塔、帝国大厦、世界贸易中心、霞关大厦、通天阁等众多高层建筑，都安装了该公司的电梯。

通过电梯技术的开发和普及，高楼层难以出租的状况大为改善，其价值自然得到提升。

建筑的所有者开始建造高度符合自己期望的建筑。

万国博览会与巨型纪念建筑物——水晶宫和埃菲尔铁塔

19世纪后半期，随着万国博览会在欧美各国举办，铁、玻璃及电梯初步得到应用。万国博览会是一项完整、系统地展示全世界产业、技术、商品及设计等项目的活动，旨在通过对工业技术和产业的培养与推广，向国内外展示国家威望，因此在欧美各国频繁举办。

1851年伦敦万国博览会上的水晶宫，以及1889年巴黎万国博览会上的埃菲尔铁塔，为铁、玻璃及电梯这些新技术的广泛应用提供了契机。

水晶宫

万国博览会源于18世纪末在巴黎举办的产业博览会，那之后，其他欧洲国家也举办了类似的博览会，但仅限于各国国内。

1851年的伦敦万国博览会是首次在国际范围举办，会场设在皇家公园之一的海德公园。全世界共有40余个国家参会，为期141天的展会期间，参观人数累计约600万，相当于当时伦敦人口的3倍。

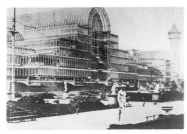

水晶宫外观（左图）和内部（右图）。引自:《世界博物馆8》(1980)，讲谈社，p.157

　　为此次伦敦博览会修建的展馆，就是用铁和玻璃建造的水晶宫。这座建筑长563米，中间的半圆柱型大屋顶高达33米。为了保留公园内原有的3棵榆树，特意建造了大屋顶，将榆树纳入建筑内部。笼罩大树的玻璃箱，成了那个时代技术支配自然的象征。

　　将树木收进建筑内的做法难免使人联想起温室，水晶宫也的确是由温室演变而来的建筑。设计师约瑟夫·帕克斯顿是园艺师，担任德文郡公爵庄园的管理工作，曾亲手设计长约84米、宽37米、高约20米的圆形屋顶大温室。水晶宫实际上是对这座温室的应用和扩建。1851年，伦敦正在兴建砖造的大本钟和用石材贴面的维多利亚塔，砖石结构是当时建筑的主流。这种铁和玻璃的建筑不仅向人们展示了产业革命的成果，还预见了崭新时代的到来，对人们产生强烈的冲击。

　　水晶宫以预制装配的施工方法建造，用掉3800吨铸铁、700吨熟铁、30万张玻璃及约17000立方米的木材。之所以采用预制装配，是因为人们反对在海德公园内建造永久性建筑，要求搭建博览会后能拆除的临时建筑。根据万国博览会建筑委员会最初发布的方案，起初要建的是一座长约671米、纵深约137米的砖造建筑。不仅建设费用庞大，还不具备临时建筑易拆除的特点。此时距博览会开幕所剩时间已不足一年，主办方不切实际地希望水晶宫的建设方案不仅要省钱，还要如期顺利完成。

博览会结束后，1854 年，水晶宫移建到伦敦郊区塞登哈姆的山丘上，1936 年因火灾而不复存在。如今，那里是"水晶宫公园"，耸立着高 219 米的电视塔，关于这座塔的内容详见下一章。

埃菲尔铁塔

就在美国的摩天大楼即将改变城市空间轮廓之际，巴黎建成了埃菲尔铁塔。1889 年，巴黎万国博览会为纪念法国革命 100 周年举办。埃菲尔铁塔是为此建造的纪念建筑，成为法国从 1871 年普法战争的失败走向复兴的象征。

设计工作由土木工程师亚历山大·古斯塔夫·埃菲尔负责，其姓名也被用作塔名。铁塔高 300.65 米，加上避雷针达到 312.3 米（加装广播天线后，高度更是达到 324 米）。当时，巴黎市内的最高建筑是荣军院的尖塔（105 米），除此之外便是万神殿（79 米）、巴黎圣母院（69 米）等，由此可见，300 米是个异乎寻常的高度。

埃菲尔铁塔超越了华盛顿纪念碑（169 米），成为世界最高的人工建筑。同一年，意大利都灵建成高 167.5 米的安托内利尖塔，比埃菲尔铁塔矮 100 多米。与利用新技术的埃菲尔铁塔不同，这座建筑用传统的砖造方式向高度极限发起挑战。可以说，埃菲尔铁塔和安托内利尖塔这两座建筑象征着 19 世纪末建筑技术飞速发展的过渡。

就建材种类而言，埃菲尔铁塔也体现出过渡性。19 世纪后半期，平价的钢铁生产技术已逐步完善，但埃菲尔铁塔依然使用熟铁。设计师埃菲尔信不过钢这种新材料，认为一座几乎没有墙壁和底座的塔不必使用轻质耐压的钢材。埃菲尔铁塔成了工业化社会的象征，但铁制结构使它无法摆脱旧时代的属性。

埃菲尔铁塔不仅具有象征工业化时代的一面，还可供民众从高处赏景。距离地面 57.6 米和 115.7 米的高度设有观景台，可将巴黎一览

埃菲尔铁塔。摄影：著者

无余（1900 年改建时，又在 276.1 米处设置了观景台，这里原本是设计师埃菲尔的住所兼研究所）。

　　法国思想家罗兰·巴特曾这样描述埃菲尔铁塔："当人们仰望它时，它是一件物体（对象）；而当人们登塔游览时，它就变成了一种视线，刚才还在巴黎的地面上眺望着它，此时它已将城市变换成尽收眼底的盛景。"（《埃菲尔铁塔》）换言之，埃菲尔铁塔不仅是让人们自下而上仰望的物体，更是可供观景的高层建筑之先驱。它使普通大众能够登高远眺，具有划时代的意义。

　　博览会举办期间，共有 195 万余人到场，盛况空前；1909 年，政府却决定将其拆除。1914 年又因推断此处适合安装军用无线电天线，中止了拆除计划。1921 年，铁塔被用来发射无线广播。1935 年开始发射电视信号。由于观景塔附加了电视塔的功能，铁塔得以保留。

对埃菲尔铁塔的抵制行动

　　埃菲尔铁塔使用钢铁、电梯等新技术，加上其自身的高度，在当时被看作是现代化的象征。但也有人认为，如果从功能的目的性上来看，不具有工厂和办公楼功能的埃菲尔铁塔就不能算现代化建筑。针对这座塔，引发了激烈的争论。

肯定意见认为，铁塔"充分运用科学技术，象征着技术超越自然"，广受民众欢迎。比如，美国发明家爱迪生参观埃菲尔铁塔后说："感谢神灵，让人类建成了如此宏伟的建筑。"（爱德华·拉尔夫，《现代都市地景》）

也有不少人抱有反感情绪。1887年2月，在铁塔建成两年前，47名艺术家、作家等知识分子向巴黎市政府递交反对建设的请愿书，对埃菲尔铁塔提出了严厉批评："这座塔又傻又大，亵渎了巴黎圣母院、圣礼拜堂及圣雅克塔等国家建筑，使它们显得渺小，无异于将它们踩得粉碎。"（本雅明，《拱廊街计划》）在请愿书中签名的作家居伊·德·莫泊桑曾说，自己喜欢埃菲尔铁塔正下方的咖啡馆，原因在于那里是唯一看不到埃菲尔铁塔的地方。英国诗人、设计师威廉·莫里斯也公开表示："每次到巴黎，我总会住在尽可能靠近埃菲尔铁塔的地方，这样就看不到它了。"（爱德华·拉尔夫，《现代都市地景》）

出现支持和反对两种声音，意味着高大建筑已不再属于一小部分当政者。换言之，它已转变成全民所有，埃菲尔铁塔成了大众化社会和民主国家的象征。

芝加哥、纽约摩天大楼的诞生和发展

南北战争于19世纪后半期结束，人口开始大量流向美国各城市，1870年到1920年的半个世纪里，各城市的总人口数由990万增至5430万，增幅约5.5倍。

在人口向城市集中和工业化发展的背景下，诞生了用钢筋建造的高层办公大厦——摩天大楼。

摩天大楼19世纪80年代诞生于芝加哥，后在纽约得到发展。这种大楼和之前的高层建筑有显著的不同，不再是当权者权威的象征，而成了经济活动的场所，是满足人们实际需要的建筑。

摩天大楼"离不开钢筋结构，也离不开为办公提供照明、为电梯提供动力的电"。"如果电话及打字机的发展停滞，办公运营和状况难以改进，摩天大楼将无利可图，遑论前途光明。"（爱德华·拉尔夫，同前书）。

只要具备资金和技术，任何人都可以建造高层建筑。它逐渐与资本主义经济和民主政治融为一体，不断向前发展。

摩天大楼的诞生

1871 年芝加哥发生大火，1873 年又遭遇经济危机的侵袭，此后随着工业发展和人口的不断流入，土地价格暴涨。1837 年，芝加哥的人口约有 4500 人，至大火前的 1870 年已增加到约 30 万人，20 年后的 1890 年更是达到约 110 万人。为应对人口增加和地价暴涨，摩天大楼这种新型建筑开始得到广泛应用。

摩天大楼之所以诞生于芝加哥，是因为城市经济的飞速发展催生了对高大建筑的需求。钢铁这种新型材料的普遍应用，以及灾后重建的需求，也使人们更容易接受这种新的尝试。

虽然摩天大楼没有具体的定义，但建筑评论家保罗·戈德伯格列举出以下三个要点：(1) 用钢筋建造；(2) 配备电梯；(3) 设计注重垂直表现。在这三个要点中，钢筋建造尤为重要，"摩天大楼并非只是高耸的建筑，若不使用钢筋，就不能认定为真正意义上的摩天大楼"（托马斯·维·列文，《摩天大楼与美国的欲望》）。人们普遍认为，第一座符合此类条件的摩天大楼，是 1885 年建成的芝加哥家庭保险大厦。

被喻为摩天大楼鼻祖的建筑师路易斯·沙利文，1891 年为圣路易斯设计了温莱特大厦。这是一座高 10 层的建筑，其高度当然无法和后来的超高层大厦相比。然而，正如沙利文的学生、建筑师弗兰克·劳埃德·赖特所言："它是将摩天楼带进建筑世界的万能钥匙。"（龟田俊介，《耸立于荒野的摩天楼》）诸多评论认为，这座大楼的外观设计，让人预见到未来摩天大楼时代的垂直理念。

作为奠定之后现代建筑发展方向的建筑师，沙利文因"形式服从于功能"这句话闻名于世。对强调实用性的摩天大楼而言，形式服从于功能更是不可或缺的必要条件。这样看来，沙利文最早期的摩天大楼设计方案，应该并非偶然。

芝加哥的高度限制

摩天大楼逐渐遍布芝加哥街头后，遮挡日照、交通拥挤的问题开始出现，火灾及其他灾害等危险隐患也逐渐显露出来，人们开始讨论限制高度来控制高层建筑的议题。限制的理由包括：（1）高层建筑遮挡日照、阻碍通风，会对身体健康和环境卫生造成不良影响；（2）发生火灾时，逃离高层建筑的难度和危险性极高；（3）在建筑基础等技术方面，高层建筑依然令人担忧；（4）高层建筑会导致道路拥挤；（5）对房地产业的影响；（6）对美观的影响等。（坂本圭司，《关于美国以摩天大楼为核心的建筑形态规定的出现及其变迁的研究》）

其中，对房地产业的影响被认为是最直接的原因。房地产从业人员担心城市中心区域地价上涨，城郊地价下跌，为保持中心区域和周边地价的均衡，向市议会提出了限制高度的建议。

议会对 120 英尺（约 37 米）、150 英尺（约 46 米）、160 英尺（约 49 米）等多种高度方案进行研讨，并于 1893 年将高度限制在 130 英尺（约 40 米）。然而，高度限制和后来的经济不景气，使开发商和土地所有者的开发积极性减退，未能达到"中心区域和城郊均衡发展"的目的。于是在 1902 年，高度限制由 130 英尺大幅放宽至 260 英尺（79.2

米），反而造成中心区域地价上涨、道路拥挤状况加重等问题。

摩天大楼的中心转至纽约

19 世纪 90 年代，美国的钢铁产量超越英国，成为世界第一。摩天大楼的中心，也从芝加哥转移至纽约。

"曼哈顿"一词来源于土著居民德拉瓦族文字中的"Mannahatta"，意为"山丘众多之岛"。曾经，岛上小山丘连绵不断、密林枝繁叶茂；后来山丘被削平，小岛逐渐变为摩天大楼林立的街区。1811 年，修建工作根据制定好的规划进行，建成了如今独具曼哈顿特色的格子状路网，即所谓的"曼哈顿网格"，每条街区上空都有摩天大楼的影子。格子状区划有利于房地产交易，摩天大楼带来的高层建筑潮流，也有效利用了曼哈顿土地面积有限的条件，成了非常好的解决方案。

和同为格子状的首都华盛顿哥伦比亚特区相比，华盛顿的道路形状注入了联邦国家的理念，纽约则是在经济合理发展的基础上，对城市形状做了规范。

空间轮廓的变化

在摩天大楼诞生之前，纽约最高的建筑是位于华尔街尽头的三一教堂（约 87 米）。1890 年，高约 94 米的纽约世界报大厦（普利策大厦）竣工，超过了三一教堂尖塔的高度。作为英国国教的教堂，三一教堂始建于英国殖民时期的 1697 年，现存的是 1846 年重建后的第三代教堂。勾画出曼哈顿空间轮廓的主角，也由殖民地时期的建筑，变成美国人修建的摩天大楼。

在此之后，超过 100 米的高层大厦的建设工程不断推进，教堂等曾经的地标性建筑逐渐被淹没于街头。

由于之前构成"地"的普通建筑不断向高层发展，纽约的空间轮

上左: 温莱特大厦。引自: 大卫·派克、安东尼·伍德,《高层建筑参考书》(2013), 劳特利奇, p.16
上右: 三一教堂。摄影: 中井检裕
下: 曼哈顿网格。引自: 贺川洋,《纽约都市物语》(2000), 河出书房新社, p.69

廓也发生了显著的变化。

建筑史学家斯皮罗·科斯托夫说, 1876 年以后, 人们开始使用"空间轮廓"这一概念。意指地面建筑群剪切了天空所形成的连线。这一概念普及于 19 世纪 90 年代, 恰好是在纽约世界报大厦超过三一教堂的高度之后。科斯托夫说, 另一个新词汇"摩天大楼"在相同的 10 年里得到普及, 也绝非偶然。

"摩天大楼"一词首次被使用, 是在 1884 年 8 月 2 日芝加哥出版的《房地产与建筑杂志》的报道中, 文中写道:"真正的摩天大楼, 将在今后的两三年如雨后春笋般迅速出现。"

对纽约的这种急剧变化, 也有很多人发出了叹息。1904 年, 美国作家亨利·詹姆斯时隔 25 年回到美国, 看到曾经的最高建筑三一教堂的尖塔掩映在高层建筑后, 他感慨道:"就像被圈在笼子里, 名誉被玷污。"(《美国印象》)他还将摩天大楼贬低为赚钱的巨型道具:"(摩天大楼)完全为商业所利用, 不具备任何神圣用途。"

无论有多少非议，摩天大楼的建设依然如故。1908年建成了高187米的胜家大厦，其高度是三一教堂的两倍，还超过了华盛顿纪念碑。1909年竣工的大都会人寿保险大厦，高度更是一举突破200米大关，达到213米。

伍尔沃斯大厦

1913年竣工的伍尔沃斯大厦，让摩天大楼跃上了一个新的顶点。大厦共60层，高241米，在之后的16年里，一直雄踞世界第一。

正如大厦名称所示，伍尔沃斯公司的总部就设在这里。伍尔沃斯公司是一家零售企业，其开设的"5分1角商店"（就像日本的百元店）遍布全美。1900年，下属的商店数量是59家，1910年增至原来的10倍，达到611家，实现了飞速增长。

胜家大厦这类摩天大楼为创业的弗兰克·温菲尔德·伍尔沃斯带来了灵感，伍尔沃斯大厦成了他向全世界推介自家商店的手段。"巨型广告牌带来了巨大的隐性收益"（波尔·约翰逊，《美国人的历史Ⅱ》），这句评价一针见血。为使广告效果发挥到极限，大家都渴望建造世界第一高度。由于伍尔沃斯对伦敦大本钟的设计情有独钟，这座大厦采用了强调垂直表现的哥特式风格。牧师S.派克·查德曼将伍尔沃斯大厦当作哥特式大教堂的再生，将其称为"商业大教堂"。伍尔沃斯大厦将主导纽约的"信仰"对象，由宗教过渡到了经济和商业层面。

摩天大楼不仅被比喻成大教堂，还有很多人将其看作中世纪无序的塔楼。德国历史学家卡尔·兰普雷希特第一次看到曼哈顿时，联想到了山丘上塔楼林立的圣吉米尼亚诺，将"出现资本主义初期萌芽的封建领地托斯卡纳，和资本主义高度发展的城市纽约相提并论"（托马斯·维·列文，《摩天大楼与美国的欲望》）。其实不难发现，摩天大楼、教堂和塔楼都包含着渴望无限高度的共同特点。

表 4-1 芝加哥和纽约的主要摩天大楼
（19 世纪 80 年代至 20 世纪 30 年代）

建筑名称	完成时间	高度	
		英尺	米
芝加哥家庭保险大厦※	1885	138	42
纽约世界报大厦（普利策大厦）	1890	309	94
曼哈顿人寿保险大厦	1894	348	106
公园街大厦	1899	391	119
富勒大厦	1902	285	87
纽约时报大厦	1904	362	110
胜家大厦	1908	612	187
大都会人寿保险大厦	1909	700	213
伍尔沃斯大厦	1913	792	241
公平人寿保险大厦	1915	538	164
纽约市政厅大厦	1915	580	177
芝加哥论坛报大厦※	1925	463	141
查宁大厦	1929	680	207
克莱斯勒大厦	1930	1048	319
华尔街 40 号大厦	1930	927	283
帝国大厦	1931	1250	381

※ 标记的大厦在芝加哥，其余均在纽约

探索精神

在此，我们不妨就美国摩天大楼的价值做些思考。摩天大楼在美国得以发展，有工业化、资本主义经济发展，以及大众消费社会来临等因素，这些都与这个新兴国家的探索精神密切相关。

19 世纪的美国历史，也是一段西部开拓史。自 1848 年发现金矿至 19 世纪 70 年代的淘金热潮，随着不断开拓，原住民的居住地逐渐

1883年和1908年曼哈顿南部的空间轮廓。引自：上冈伸雄，
《解读纽约》（2004），p.63

并入美国领土。1890年完成的国情调查报告宣布要清除"边界线"，这一年恰是曼哈顿普利策大厦超越三一教堂高度之年。

也就是说，在消除边界线的同时，摩天大楼得到了真正的发展。换言之，结束了西部边界的开拓后，美国人扩张边界的欲望转向空中，于是摩天大楼应运而生。对美国人来说，摩天大楼就是"平面开拓结束后，扩展至立体方向的开拓之梦"（龟井俊介，《耸立于荒野中的摩天大楼》）。当然，与此同时，美国的平面开拓，又以掠夺海外殖民地的方式延续，1898年的美西战争为其开端。

1916年对高度的限制

摩天大楼成为新兴国家美国的象征，但也带来相应的弊端。不仅芝加哥出现了问题，纽约也是一样。

1908年，纽约市当局成立了建筑条例修改专门委员会，开始讨论保障采光和空地的规定。同一年，有开发商公布了高909英尺（约277米）、共62层的大厦规划，纽约人口过密委员会（私人机构）以超过现有道路的交通容量为由，向市当局提出实施高度限制和对大厦

左：伍尔沃斯大厦。（美国国会图书馆所藏）

右：帝国大厦。摄影：讲谈社

征税的建议。

　　7 年后的 1915 年，随着高 538 英尺（约 164 米）的恒生大厦的竣工，巨型高层建筑的建设相继展开，对限制高度必要性的争论愈发激烈。恒生大厦最为突出的是体积，使用面积达到了用地面积的 30 倍。使用面积越大，就业人员和来访客人就会越多，有人担心大厦建设会加剧周围交通的拥挤。还有意见指出，建造如此巨型的大厦会影响周边的采光和通风，还会造成办公室过剩等各种问题。

　　于是，纽约市在 1916 年制定了分区条例，规定建筑高度越高，墙体越要远离道路。根据规定，人们开始建造后缩型阶梯状建筑，其形状曾被认为和金字形神塔类似。

　　但是，由于该条例并未规定用地面积四分之一以内的部分必须后缩，从而导致细长的塔状摩天大楼出现，克莱斯勒大厦和帝国大厦这些至今依然能代表纽约的摩天大楼，正是在这样的背景下诞生的。

广告塔——克莱斯勒大厦

　　20 世纪 20 年代，是美国利用第一次世界大战后繁荣的市场，走向经济繁荣的时期。与之相呼应的，则是摩天大楼建设热潮的快速推进。1920 起的 30 年间，纽约的办公总面积由 686 万平方米增加到 1041 万平

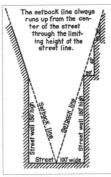

左：公平人寿保险大厦（明信片）。引自：托马斯·维·列文著，三宅理一、木下寿子译，《摩天大楼与美国的欲望》（2006），工作舍，p.157

右：纽约市区划条例概念图。引自：纽约市 1916 年分区条例

方米，约增加 0.5 倍。1929 年，10 层以上的大厦数量为芝加哥 449 座、洛杉矶 135 座，纽约更是达到了 2479 座（同一时期，日本实施上限 31 米的高度限制，无法建设超过 10 层的建筑）。

与建设热潮相呼应，摩天大楼的高度纪录也在不断刷新。在此仅举两例象征当时时代气息的杰作——克莱斯勒大厦和帝国大厦。

1930 年建成的克莱斯勒大厦，是一座高度超过 1000 英尺（1048 英尺，约 319 米）的高层大厦；而 1931 年竣工的帝国大厦，高度达到了 1250 英尺（约 381 米）。在 1890 年建成纽约世界报大厦后仅仅 40 年的时间里，摩天大楼的高度增加了 4 倍。

克莱斯勒大厦的外部特点之一是其顶部的尖塔，但该尖塔最初并未被列入规划。原规划的整体高度是 282 米，即便如此，它也超过了伍尔沃斯大厦，稳居世界第一。

但是，在克莱斯勒大厦建设工程进行中，华尔街 40 号的大厦建设工程公布，高 283 米。照此发展下去，世界最高建筑的宝座将被夺走，于是在克莱斯勒大厦即将竣工之时，人们在其顶端安装了尖塔。如此执着于世界第一高度的，是大厦的主人、新崛起的汽车厂商克莱斯勒公司的创始人沃尔特·P. 克莱斯勒。

美国登记在册的机动车数量直到 1900 年还不超过 8000 辆，1920

克莱斯勒大厦。摄影：讲谈社

年激增至 813 万辆，1930 年更是达到 2303 万辆，以近乎不可思议的速度增长着。尤其在 20 世纪 20 年代的 10 年里，增长到了之前的 3 倍。1929 年，全体国民每 4.9 人便拥有一辆机动车。

克莱斯勒公司是在机动车产业快速成长的 1925 年入行的年轻公司，在福特和通用已经控制市场份额的情况下，作为后来者，克莱斯勒与这些厂商抗衡的策略之一就是广告。

从 20 年代后半期开始，克莱斯勒展开了积极的广告宣传活动，并逐渐占据了业内第三的位置，位列通用和福特之后。创始人克莱斯勒敏锐地察觉到广告在大众消费社会对于商品的重要性，于是将目光投向摩天大楼这一象征性建筑，这是必然的结果。摩天大楼不仅解决了曼哈顿的土地不足，还兼有广告塔的意义。克莱斯勒认为，在摩天大楼林立的曼哈顿，发挥其最大功效的方法，就是兴建世界第一高度。

然而，克莱斯勒大厦建成的第二年，便将世界第一的宝座拱手让与帝国大厦。

帝国大厦

帝国大厦是以投资者约翰·雅各布·拉斯科布为首，依托制造销售火药起家的杜邦等美国大财阀规划建设的租赁模式的大厦。其高度为 381 米，超过克莱斯勒大厦 202 英尺（约 62 米）。拉斯科布最初设想的建筑高度为 320 米，当他得知已建成的克莱斯勒大厦超过此高度时，便开始商讨增加高度。

由于无法改变建筑主体的高度，拉斯科布打算安装高约 60 米的飞艇桅杆。从欧洲乘坐飞艇过来的人提议将桅杆立在帝国大厦顶部，让飞艇停靠，就连纽约市长也对此颇感兴趣。但是，由于距地面将近 400 米的高处风力很大，飞艇不能轻易靠近，实际上桅杆并未用来拴飞艇。后来，桅杆上安装了广播和电视天线，被当作信号塔，我将在下章详述此事。

拉斯科布瞄准世界第一高度的原因是什么呢？对他这样的投资者来说，世界第一高度必定具有经济方面的合理因素。

根据 1929 年美国钢结构协会公布的报告，从收益的角度看，最适宜的高度约为 63 层。这是因为，随着大厦高度的增加，电梯等公共部分相应增大，可使用的出租面积（租金收入）就会减少。路易斯·沙利文的名言"形式服从于功能"被扭曲，成了"形式服从于金钱"，经济因素决定了纽约和芝加哥摩天大楼的高度。

与具有公司广告塔功能的伍尔沃斯大厦和克莱斯勒大厦不同，纯租赁型的帝国大厦更看中收益。房地产专家曾谏言，75 层是产生收益的上限，但拉斯科布不为所动。对他而言，高度的重要性超过一切。"在确保不倒塌的前提下，究竟能建造多高的建筑呢？"（米切尔·帕赛尔，《帝国》）设计师威廉·F. 兰博提出了这个疑问，拉斯科布也始终执着于对高度的追求。

世界第一高度无疑成了招揽承租人的广告宣传，摩天大楼竞争的根源不正是对高度的追求吗？

拉斯科布是克莱斯勒公司的竞争企业通用汽车公司的大股东，据说他对沃尔特·P. 克莱斯勒抱有强烈的竞争意识，所以才执着地要超过克莱斯勒大厦的高度。

除此之外，还有其他追求高度的原因。拉斯科布出生于纽约的贫民窟，靠投资起家，他将帝国大厦定义为"能让贫困少年在华尔街构筑财富梦想的美国社会的永久纪念碑"（戈登·托马斯、迈克斯·摩根·威茨，《华尔街的崩溃》上卷）。为将该大厦作为纽约孕育的资本主义经济的纪念物保留下去，必须将其打造为世界第一高度。

然而，20年代的经济繁荣在1929年10月来袭的世界经济大萧条中步入尾声，摩天大楼的建设开始降温。帝国大厦于大萧条期间的1931年竣工，"孤零零地立于废墟上空，如同斯芬克斯那样谜一般地耸立着"（斯科特·菲茨杰拉德，《我的失落之城》）。

帝国大厦本应是纽约经济繁荣的纪念物，却成了象征经济萧条的产物。事实上，它也迟迟未进入租赁阶段。克莱斯勒大厦刚开业时的空置率为35%，而帝国大厦的空置率达到80%，甚至41层以上的楼层房间全部为空置状态，所以它曾被讥讽为"空国大厦"。

尽管帝国大厦的入驻和办公状况没能达到预期，但其可将曼哈顿一览无余的观景台自开业初期就聚集了大量的人气，成为世界各地人们参观游览的场所。1940年，到观景台参观过的人数超过了400万，1971年更是达到4000万人。帝国大厦成了纽约耀眼的地标性建筑，在1972年世界贸易中心北楼建成之前的约40年间，一直以"世界最高的大厦"之名傲视群雄。

第二次世界大战前欧洲的超高层建筑

第二次世界大战前，欧洲并未建造类似美国的摩天大楼，仍延续着为保留已建成的街道而实施的高度限制。

不过，在纽约掀起摩天大楼热潮的20世纪20年代，出生在欧洲、之后引领20世纪现代建筑潮流的两位建筑师勒·柯布西耶和密斯·凡德罗，提出了有别于美国、具有自身特点的摩天大楼建设方案。

勒·柯布西耶强调摩天大楼是构成城市的要素，密斯·凡德罗追求的是摩天大楼独立存在的理想形状。二人的设计理念，对第二次世界大战后高层建筑的发展潮流产生了重要影响。

下面就去了解一下这两位建筑师和当时的欧洲吧。

勒·柯布西耶的笛卡尔几何式摩天大楼

那些摩天大楼是崇高的、淳朴的、令人感动的，甚至有些笨拙的。我爱那种将其成功建在高空的狂热。

——勒·柯布西耶，《当大教堂是白色的时候》

出生于瑞士的建筑师勒·柯布西耶对摩天大楼有过以上描述，这位大师通过纽约的摩天大楼，预见了新时代的城市容貌。另一方面，他又批评"纽约的摩天大楼太小又太多"，现实中的摩天大楼无法让他满意。柯布西耶将自己理想中的摩天大楼起名为"笛卡尔几何式摩天大楼"，让我们去一探究竟。

柯布西耶提议的高 200 米、共 60 层的高层建筑，并不像纽约那样根据规定建成阶梯状，而是墙壁垂直延伸到最顶层，楼宇间保持着足够的距离，还在建筑周围配置开放的空间。他认为，90% 以上的土地要提供给公园、行人和机动车交通，从而营造出充分保障阳光和空气的城市空间。

依据此理念，1922 年柯布西耶提出"奉献给 300 万人口的现代城市"设想方案，1925 年，他又以巴黎为对象，用"巴黎市中心改造方案"的形式，发布了规划方案。

柯布西耶本人参与的 CIAM（国际现代建筑协会）于 1933 年发布的《雅典宪章》中，提及了现代城市的规划理念和技巧。其中提到"由

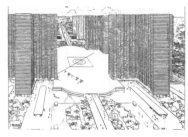

左：勒·柯布西耶"奉献给300万人口的现代城市"设想方案

右：巴黎市中心改造方案。引自：《勒·柯布西耶全集1910－1929，光辉城市》

于现代技术的高度应用，应将建造高层建筑的事项纳入议事日程"（勒·柯布西耶，《雅典宪章》第28条），在此基础上"应留出足够的间隔，开放足够开阔的地面空间以建设绿化带"（第29条）。

这种现代城市规划理念，对之后建造周围拥有宽敞开放空间的"公园之塔"型建筑的普及，产生了巨大的影响。

密斯·凡德罗的玻璃摩天大楼

与勒·柯布西耶共同引领20世纪现代建筑潮流的另外一位建筑师，是出生于德国的密斯·凡德罗。

正如"less is more"（越少越丰富）表达的意境，凡德罗是一位排斥过分装饰、主张朴素设计的建筑师。1921年和1922年，他曾两次提议用钢铁和玻璃建设高层建筑。

说到钢铁和玻璃建筑，前面我们谈到过1851年伦敦博览会时建造的水晶宫。其高度堪堪超过30米，远称不上摩天大楼。大约70年之后，凡德罗产生了将钢铁和玻璃用于超高层建筑的构想。

1921年的方案，是为规划柏林市弗里德里希大街的设计大赛准备的。高80米的20层建筑由3座尖三角柱塔构成，参照三角形用地进行布置。第二年的"钢铁和玻璃摩天大楼方案"虽有相同的特征，但既没有选定具体的用地，也没有建设方，最终成了凡德罗个人的思考创意方案。它是一座 30 层建筑，高度是弗里德里希大街设计大赛方案中建筑的 1.5 倍，更具摩天大楼的特征。

两个方案都是柱体和底座结构全部被玻璃覆盖的朴素设计，彰显了凡德罗的代名词"less is more"。它不是纽约摩天大楼那样的阶梯形状，而是墙壁从 1 层垂直延伸至楼顶的模式。除此之外，中心部位配有各楼层通用的电梯和台阶，这种平面设计可称为战后高层建筑的原型，在方案中都已经得以展现。

凡德罗的玻璃摩天大楼（1922 年）。引自：弗朗茨·舒尔茨著，泽村明译，《密斯·凡德罗评传》（2006），鹿岛出版会，p.111

然而，凡德罗的建议缺乏纽约摩天大楼必备的特征，也就是实用性。他认为，高层建筑可能"象征性胜于使用性""象征面向科技的未来社会"（柯林·罗，《矫饰主义与现代建筑》）。20 世纪 50 年代，经凡德罗之手，美国出现了象征未来社会的高层建筑。

欧洲的高层建筑与高度限制

第二次世界大战前，欧洲也兴建了高层建筑，都是些什么样的建筑呢？

欧洲最早的高层办公大厦，是 1898 年建成于荷兰鹿特丹的 11 层建筑——白屋办公楼。

当时高度达到 100 米左右的，有 1911 年建成于英国利物浦的皇家利物大厦，高 98 米。由于中央时钟塔的高度占据了总高度的三分之一，只能建至 13 层。20 年后的 1932 年,在比利时的安特卫普建成了高 97 米、26 层的比利时联合银行写字楼。

与美国相比,欧洲高度超过 100 米的建筑并不多。为数不多的 100 米以上的高层大厦,有 1940 年竣工的佩森提尼大厦(意大利热那亚),共 31 层,高 107.9 米(如计算尖塔部分,合计共 116 米)。此高度尚未达到帝国大厦的三分之一。

表 4-2 20 世纪初各城市的高度限制

所在地		主要的限高标准(檐高)
英国	伦敦	80 英尺(约 24.4 米)
法国	巴黎	20 米
德国	柏林	22 米
	杜塞尔多夫	13 米
	法兰克福	20 米
		18 米
		16 米
	巴伐利亚(住宅)	22 米或 5 层
	德累斯顿	22 米
奥地利	维也纳(住宅)	25 米或 5 层
匈牙利	布达佩斯	25 米
意大利	罗马	24 米
比利时	布鲁塞尔	21 米
瑞士	伯尔尼	54 英尺(约 16.5 米)或 4 层
中国	上海	84 米

根据内田祥三(1953)《有关建筑物限高的规定(1)》以及《建筑行政》3(6)(建筑行政协会)p.19 的数据制表

这一时期的欧洲并未大力兴建超高层大厦,原因是大多数城市都对建筑高度实施了限制。20世纪初期，伦敦、巴黎、柏林、法兰克福、维也纳、布达佩斯、罗马及布鲁塞尔等主要城市都在实施高度限制（表4-2）。檐高的限制大部分都在20米上下，最高不过25米。而同期芝加哥允许的高度达到了260英尺（79米），不得不说欧洲的高度限制极为严厉。

以伦敦为例，伦敦的建筑法（修订于1894年）将建筑物的檐高限制为80英尺（约24.4米，屋檐线以上可加两层）。这样做是为了防火，确保不出现超过灭火设备负荷的建筑，以保证结构的安全性。

另一方面，当时高度超过151英尺（约46米）的住宅，会影响从白金汉宫眺望议会大厦的视线，这也是限制高度的原因。

为凸显大教堂形象制定的高度限制

将包括房屋顶层在内的檐高限制在80英尺以内——伦敦的这项高度限制于1930年得到修改，檐高限制上浮到100英尺（30.48米）。另外，政府对个别超过100英尺的高层建筑表示认可，市内的高层建筑也因此逐渐增多。

在第三章我们了解到，1666年伦敦大火后重建的圣保罗大教堂成了伦敦市中心空间轮廓的核心，从市内任何地方都能眺望其圆顶。如果在大教堂周围兴建高层建筑，势必会严重影响眺望圆顶的视野。

圣保罗大教堂的建筑师克里斯多佛·雷恩担心大教堂的象征性遭到损坏，为保障从泰晤士河南岸和桥上等主要场所能眺望到大教堂，提议限制建筑物高度。后来，当局采纳了雷恩当年的提议，从1938年起实施高度限制。这就是被称作"圣保罗高度（St. Paul's Heights）"的限高措施。

圣保罗高度开始实施的20世纪30年代，正是前面说到的克莱斯勒大厦和帝国大厦等摩天大楼相继建成的时期。用建筑高度的"图"

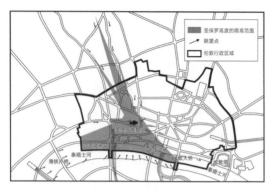

伦敦限高示意图。著者制

与"地"的关系来说，纽约的"地"开始向高层发展；而伦敦将地标
性建筑圣保罗大教堂当作"图"引人关注，"地"受困于高度限制，无
法向高层发展。

在以伦敦为代表的欧洲，由于实施了以保护有序街道为前提的高
度限制措施，孕育摩天大楼的土壤贫瘠。当然，与发展迅猛的美国不同，
欧洲也缺乏催生高层建筑必须的经济环境。前文就曾提到针对埃菲尔
铁塔的抵制活动，当时希望发展高层建筑的呼声还很小。

空袭中幸存的圣保罗大教堂

尽管圣保罗高度确保了人们眺望大教堂的视野，但仅仅两年后，
又遭遇了新的危机。

那就是第二次世界大战中纳粹德国的空袭，尤其是 1940 年 12 月
29 日的空袭，对伦敦造成了堪比第二次伦敦大火般的巨大灾难。伦敦
市政厅和 1666 年大火后由克里斯多佛·雷恩设计的 8 座教堂等，都在
这次灾难中化为灰烬。被烧毁的建筑物众多，圣保罗大教堂却得以幸
免于难。之所以未受损坏，是一群名为"圣保罗守护者"的志愿者和
消防队奋力扑救的结果。

空袭中被浓烟包围的圣保罗大
教堂。引自：安·桑德斯，《圣保
罗大教堂：伦敦市中心的 1400
年》（2012），斯凯亚出版

率领这些志愿者的是戈弗里·艾伦，他不仅保证了对空瞭望任务
的完成，还让圣保罗大教堂免遭战火损毁，立下了大功。

在爆炸造成的大火和烟雾笼罩下，圣保罗大教堂象征着对纳粹德
国的顽强抵抗，极大地鼓舞了战时的英国民众。正如战后英国国王乔
治六世所说："这是英国人民不屈不挠的勇气和生命力的象征。"（蛭川
久康等编著，《伦敦事典》）圣保罗大教堂不仅是自治城市中心的象征，
更成了英国人民的精神支柱。

极权主义国家的高层建筑

美国的摩天大楼是资本主义社会的象征，在极权主义国家，巨型
建筑则被当成向民众进行政治宣传的方式。德国纳粹党魁阿道夫·希
特勒曾说："流芳百世的伟大文明，是纪念碑式的建筑物。"意大利法
西斯头目贝尼托·墨索里尼也曾说道："我认为在各类艺术中，建筑
物是最高境界。若问理由，因为它包罗万象。"（保罗·尼克罗佐，《建
筑师墨索里尼》；井上章一，《梦想与迷惑的极权主义》）

墨索里尼对拥有角斗场和圣彼得大教堂这类巨型建筑的城市进行

了改造，在视觉上将古罗马与法西斯政权关联起来。相比罗马，德国过去的遗产为数不多，于是希特勒规划了极端夸张的巨型建筑。尽管表现方法不尽相同，但他们都想以建筑提高国家威望，进而强化独裁统治，因此对建造高层建筑或巨型建筑煞费苦心。

利用罗马历史遗产的墨索里尼

1922 年，墨索里尼组建法西斯内阁并宣称："为了罗马旗帜永远飘扬，为了这座曾经两次给世界带来文明的伟大城市，我们要第三次举起这面旗帜。"开始了对首都罗马的改造。（藤泽房俊，《第三罗马》）众所周知，他所指的第一次是皇帝奥古斯都等人的古罗马帝国，第二次是西斯都五世的罗马改造（前者请参照第一章，后者请参照第三章）。

墨索里尼把自己比作皇帝奥古斯都，将古罗马遗产中的万神殿、角斗场等巨型建筑用于城市改造，试图通过以罗马遗迹为中心的城市改造，让国民铭记"只有法西斯主义政权，才是伟大的古罗马帝国的继承者"。墨索里尼的首都改造方针，在 1925 年的演说中显露无遗。

> 我们要在 5 年之内，创造一个像皇帝奥古斯都时期那样举世瞩目、疆土辽阔、统一强大的罗马。各位要开通奥古斯都之墓、马切罗剧场、卡比托利欧广场及万神殿周围的道路，必须彻底清除几个世纪的衰败产生的赘物。5 年之内，让宽阔的道路贯穿全城，从圆柱广场就能眺望万神殿等大型建筑。我们必须将基督教庄严的罗马教堂，从寄生的世俗的建筑群中解放出来。（藤泽房俊，同前书）

由此可以得知，对墨索里尼而言，值得尊敬的罗马遗产，是诸如万神殿和圣彼得大教堂那样的纪念建筑。

"将罗马建成我们的精神之都，根除所有使其堕落进污秽泥沼的丑恶，建成一个纯洁的城市。"（藤泽房俊，同前书）正如"宣言"中所说，除纪念建筑以外，即使是有历史价值的建筑，在墨索里尼眼里也一文不值，只能沦为被拆除的对象。其改造的特点是大胆地拆毁原有的市区，开辟宽阔的道路。用前面说过的"图"与"地"的关系来说，就是为突出作为"图"的巨型纪念物，而毫无顾忌地将作为"地"的街区改头换面。

下面就以角斗场周围和圣彼得大教堂周围的城市改造为例，去了解墨索里尼的企图吧。

连接角斗场和威尼斯宫的直线道路

在第一章中已介绍过，角斗场是古罗马帝国时期建造的巨型竞技场，建成已近 1900 年。尽管建筑的多个部分已倒塌，但残存的形状依然能使人想象过去的容貌。墨索里尼打算修建一条长约 850 米、宽约 80 米的直线道路，将角斗场与自己的工作场所——威尼斯宫连接起来。

然而，威尼斯宫和角斗场之间集中了很多中世纪后建成的住宅等历史建筑。为修整道路，不得不将已有的住宅拆除，这引起政府内部许多反对意见。但墨索里尼认为"保护中世纪的住宅不必默守成规"（保罗·尼克罗佐，《建筑师墨索里尼》），下令拆毁住宅，继续推进修路工程。道路修整于 1932 年完工，恰逢法西斯主义夺取政权 10 周年，从某种意义上说，这条道路成了法西斯主义政权诞生 10 周年的"献礼"项目。

这条道路被命名为"帝国大道"（现改名为帝国广场），含有将"古罗马帝国"和"法西斯主义掌权的意大利帝国"结为一体的用意。或许，墨索里尼从威尼斯宫的办公室眺望角斗场的时候，以为自己也是罗马皇帝。

铺设通往圣彼得大教堂的捷径

被墨索里尼用于政治目的的古建筑不仅限于古罗马帝国的遗产。罗马天主教教会的巨型建筑、大教堂等都被用于城市改造。

意大利王国 1870 年没收了罗马教廷的所有领地，意大利与罗马教廷处于断交状态。

墨索里尼将目光瞄向了全世界 4 亿天主教信徒，为争取国际对法西斯主义政权的支持，他认为与罗马教廷结好是上策。1929 年，意大利政府与罗马教廷签订了《拉特兰条约》，商定了属于梵蒂冈城的土地划分等事宜。然后，政府又开始着手修整象征与教廷和解的工程——那就是通往罗马教廷主教堂圣彼得大教堂的"和解大道"。

圣彼得大教堂位于台伯河向西的道路对面，这里有一条狭窄的小巷，周围建筑密布。同修整帝国大道时一样，墨索里尼拆毁了周围的建筑，将小巷拓宽成一眼可望到头的道路，还在道路沿线设立了 28 座方尖碑。

说起方尖碑，墨索里尼还在一块命名为"紧跟墨索里尼"的新开发地上，修建了一座以自己名字命名的方尖碑。

1936 年吞并埃塞俄比亚时，作为战利品，墨索里尼掠夺了阿克苏姆王国的方尖碑，意在仿效将方尖碑从埃及运回意大利的皇帝奥古斯都。之后，这座方尖碑长期放置于罗马市内，2001 年，埃塞俄比亚政府试探性提出归还的要求，2005 年物归原主。归还那一刻，以各大部长为首的政府要员到机场迎接，举行了隆重的纪念仪式。可以说，归还方尖碑，是一次增强埃塞俄比亚国民身份意识的尝试。

希特勒指使的庞大城市改造计划

纳粹德国的宣传部长保罗·约瑟夫·戈培尔曾说："（墨索里尼）将整个古罗马历史拽回黎明时期，拽回自己那里。与之相比，我们只

从圣彼得大教堂圆顶俯瞰广场与和解大街。
摄影：讲谈社

不过是初出茅庐的暴发户。"（保罗·尼克罗佐，同前书）希特勒统治的纳粹德国缺乏古罗马帝国那种面向大众、通俗易懂的历史遗产，这是希特勒的心病。为超越罗马，他开始倾力建造巨型建筑。

在纳粹夺取政权 7 年后的 1940 年，希特勒将柏林、慕尼黑、汉堡、林茨及纽伦堡 5 座城市指名为"元首城市"。

其中，柏林被命名为第三帝国的首都日耳曼尼亚，城市改造规划恢宏，希特勒宣称"务必要超越巴黎和维也纳"（阿尔贝特·施佩尔，在《第三帝国的神殿》上卷），这项规划是由大街和纪念建筑共同构成的。

然而，柏林改造和奥斯曼的巴黎改造等以往的大规模城市改造有着决定性的差异，那就是建筑规模大到远超城市功能需要。"巨型"成了希特勒唯一的渴求。

1938 年公布的柏林城市改造规划的核心，是贯穿城市中心的南北道路，全长 5 千米，是巴黎香榭丽舍大道的 2.5 倍；宽 120 米——考虑到修建于普鲁士德意志帝国时期的东西向菩提树大街宽约 60 米，制定了两倍于它的宽度。

南北轴线上设置了大礼堂、凯旋门、南站等主要纪念物，道路两侧除政府建筑外，还规划了德国大企业总部、酒店、剧场及商业设施等。

柏林城市改造计划的模型（1938年）。后面是大礼堂，对面是凯旋门。引自：八束始、小山明著，《未完成的帝国》（1991），福武书店，p.175

位于北端的大会堂，是一座高290米的圆顶建筑，是大型集会的场所。

负责设计工作的阿尔贝特·施佩尔说，大会堂规模之大可容纳15万人，能装下17座圣保罗大教堂。其圆顶受到了罗马万神殿的启发，但在规模上却有着天壤之别。毕竟大礼堂圆顶的直径达到250米，仅覆盖屋顶的圆形天窗的直径就有46米，超过了万神殿的穹顶（43.2米）。

在南北道路轴线的南端坐落着柏林的大门：南站。车站前方规划了长度超过800米的广场和高约120米的凯旋门，此高度是巴黎凯旋门的2倍多。乘火车造访柏林的人出站就能看到矗立在广场对面的巨型凯旋门，视线还会自然而然地被吸引到凯旋门另一边——290米高的大会堂上。

希特勒推崇巨型建筑的理由

由于在第二次世界大战中战败，纳粹规划的建筑群几乎无一完成。

希特勒为什么如此痴狂地想要建造这些巨型建筑呢？虽然这是与墨索里尼抗衡的一种方式，但他对巨型建筑的追求，应该还包含其他含义。

施佩尔说，希特勒平时就钟情于大型建筑物，他认为从"大"中能发现最大价值。事实上，在希特勒的讲话中，这一点也有所表露。20世纪20年代，他取得政权时就曾说："强大的德国务必要有杰出的

建筑,建筑是国力和军力的真实写照。"(迪耶·萨迪奇,《权力与建筑》)
他还在 1939 年对建设工人的演讲中进一步说道:"为什么总要最大的?
那是为挽回全体德国人的自尊心,在所有领域,为了每一个人。我们
不仅不逊色,而且绝不会输给任何人。"(阿尔贝特·施佩尔,同前书)

　　巨型建筑是希特勒挽回因第一次世界大战失败而丧失的国民自信
心、恢复自尊的一种方式。

　　希特勒还对施佩尔说过这些话:

　　"一位来自偏僻乡村的农夫终于到达了柏林,如果他踏进我们的这
座巨型圆顶建筑,必然会瞠目结舌、肃然起敬,瞬间明白自己究竟应
该服从于谁。"(保罗·尼克罗佐,《建筑师墨索里尼》)

　　施佩尔也说:"巨型是在颂扬希特勒的功绩,有提升其自尊心的用
意。"(阿尔贝特·施佩尔,《在第三帝国的神殿》)换言之,巨型建筑
也是为希特勒本人建造的。

　　然而,德国国内缺乏全面实现希特勒的规划所需的资源(材料、
劳动力);完成规划的前提是必须赢得战争,保障资源。在希特勒看来,
巨型建筑和战争是不可分割的整体。

斯大林拟建的苏维埃宫殿

　　为与主张反共的纳粹德国和代表资本主义的美国抗衡,苏联也构
思、建造了巨型建筑。

　　20 世纪 20 年代,接替第一代最高领导人弗拉基米尔·列宁掌权的
约瑟夫·斯大林巩固了自己的权力基础后,开始构思能够象征苏联的
建筑。当时,在首都莫斯科已有的纪念建筑中,以俄罗斯帝政时期的
遗产和东正教教堂居多。于是,斯大林决定在莫斯科的中心区域规划
一座苏维埃宫殿,用以纪念新兴国家。

　　苏维埃宫殿计划建在被拆除的基督救世主大教堂的遗址上。这座

大教堂是为纪念 1812 年抗法战争的胜利，沙皇亚历山大一世于 1817 年决定兴建的。在最初的规划中，其高度达到 230 米，远超罗马的圣彼得大教堂。1889 年最终建成的高度与伦敦圣保罗大教堂相同——109 米。这座大教堂可以说是俄罗斯帝政时期的精神支柱。但在 1931 年，斯大林命令将其爆破拆除。

1918 年，即俄国革命的第二年，站在无神论立场上的苏维埃政府推出了政教分离政策，大教堂成了对社会主义政权毫无价值的建筑。不仅如此，从基督救世主大教堂的建造经过可以想见，拆毁这座教堂还有清除与俄罗斯帝政关系密切的东正教影响力的目的。也许斯大林断定，炸掉象征旧体制的基督救世主大教堂，在其上建造苏联的纪念建筑，可以最大限度地向国内外展示国家权力的归属。破坏敌对旧体制的纪念建筑，是掌权者的惯用手法。

另外，毁掉大教堂、建造新的纪念建筑，昭示着信仰对象由"神"转为"共产主义"，同时也试图"从根本上重新定义国家的向心力"（迪耶·萨迪奇，《权力与建筑》）。

苏联为苏维埃宫殿举办了国际设计大赛，从世界著名建筑师中征集设计方案，勒·柯布西耶也是参赛者之一。但在 1933 年的最后选拔中，博里斯·约凡的方案被采纳。该方案在能容纳 2 万人的大圆厅和 6 千人小圆厅的阶梯状基坛顶部，设计了高 18 米的无产阶级劳动者解放铜像，整座建筑高达 260 米。斯大林想要的不是勒·柯布西耶等建筑师简约的现代主义风格，而是巨型的象征性建筑。

后来，约凡按照斯大林的指示，将设计方案进行了变更。1933 年 7 月，将工人铜像换成高 50 至 70 米的列宁像。1934 年，又决定将列宁像的高度增至 80 米，整体高度增加到 450 米。

变更设计方案的原因，与苏联所处的国际环境有关。1933 年是主张反共的德国纳粹掌握政权之年，同一年，苏联与美国建交，1934 年

左：苏维埃宫殿，约凡的设计图（1934年）。引自：肯尼斯·弗兰姆普敦著，中村敏男译，《现代建筑》（2003），青土社，p.373

右：莫斯科大学。摄影：讲谈社

苏联加入国际联盟，1935年《苏法互助条约》签订。

　　斯大林一方面以反法西斯、反纳粹的姿态参与国际联盟，一方面又积极规划这座巨型宫殿，将其作为向纳粹德国和全世界展示苏联国力的象征。最初260米的高度远不及高约300米的埃菲尔铁塔和建成不久、381米高的帝国大厦，斯大林决定要超过它们，建造400米以上的巨型建筑。据说希特勒听到此规划后，对斯大林欲建造超过自己所建的高大建筑感到震怒。庞大的苏维埃宫殿规划，正是符合斯大林期望的。

　　然而，苏维埃宫殿最终未能建成。表面理由是建成后的列宁塑像易被云雾遮挡，实际是由于该地地基松软，当时的技术无法解决这一难题。

　　后来，国家游泳池建在了此处。1991年，苏联解体。2000年，惨遭斯大林爆破拆毁的基督救世主大教堂得以重建。

七座摩天大楼

　　虽然未能建成苏维埃宫殿，第二次世界大战后，苏联在环城道路沿线建起了7座摩天大楼（超高层建筑）。它们是为纪念1947年莫斯科建都 800 年、修建和共产主义国家首都相符的街道而特意建造的。

其中最高的建筑是 32 层、高 239 米的莫斯科大学，虽然高度不及帝国大厦，但在当时的欧洲已是最高的超高层建筑，在 1990 年德国法兰克福高 257 米的商品交易会大厦建成之前，一直雄踞欧洲第一高度。除此之外，还有莫斯科乌克兰饭店（198 米）、莫斯科河沿岸的艺术家公寓（176 米），以及外交部大楼（170 米）等宾馆、机关、当政领导的住宅。

这些超高层建筑的共同特点是有尖塔、强调垂直表现的主立面式设计，乍一看会让人想起纽约的摩天大楼，尤其是 20 世纪 20 年代流行的装饰艺术风格的摩天大楼。斯大林不喜欢将这些建筑与纽约的摩天大楼做比较，但摩天大楼却倾向于斯大林的风格。

当然，苏联的摩天大楼与纽约的还是有明显的区别。建筑史学家井上章一说，由于美国的摩天大楼排列集中，很容易被建筑群淹没。与之相反，在土地开阔的莫斯科，楼宇之间是大间隔布局，每座大楼都是醒目的地标性建筑，成了城市景观中最精彩的部分。

另外，这些建筑不在莫斯科中心区域，而是散落在环形道路沿线。建筑评论家川添登指出，这与高纬度国家特有的极昼现象有关。7 座超高层建筑的尖塔顶端都装有红星，极昼期间，即使地面暗下来，天空仍然明亮，阳光恰好照在尖塔上。尖塔上的红星闪耀在莫斯科郊外的天空中，象征着构成苏联的各民族，指引莫斯科市民永远朝着红星闪耀的方向努力奋斗。

不过，最初的设计中并没有尖塔。有传闻说，斯大林视察 7 座超高层建筑中最早规划的外交部大楼的建筑工地时曾问道："尖塔在哪儿？"之后人们匆忙追加了设计。就像斯大林想要在苏维埃宫殿安置列宁像一样，他也期待赋予超高层大厦某种象征性意义。

1953 年斯大林去世后，苏联的超高层建筑热潮逐渐退去。过渡到集体领导制后，当选共产党第一书记的尼基塔·赫鲁晓夫转而批评斯大林。话虽如此，赫鲁晓夫继续推动斯大林时期的首都改造，也启动了莫斯科的地铁建设，还拆毁了沙皇时期的教堂。

基督救世主大教堂经历建设、毁坏、重建，见证了斯大林时代的兴盛和终结，苏联的高层建筑，直观地反映了国家体制的变革情况。

第二次世界大战前日本的高层建筑

明治时期以来，日本逐步走向现代化，19世纪末开始，建筑向高层发展的势头也日趋强劲。虽然没有建造美国那样的摩天大楼，但供大众远眺的观景楼建筑、钢筋混凝土建造的高层办公大厦以及高层住宅逐渐兴起。

观景楼建筑热潮和浅草凌云阁

明治时期，德川幕府统治下的3层建筑禁令被取消，以景致优美为特点的高层建筑开始增多，"享受高处的好风光"走进了大众的生活。3层的饭馆变多了，以前只能从外面欣赏的佛塔内部安装了阶梯，甚至出现了收取观景费用的寺院。

以《菊子夫人》一书闻名于世的法国作家皮埃尔·洛蒂，将1885年登上京都法观寺八坂塔的经历记录在《秋天的日本》中。虽然现在只能登上这座五重塔的第2层，但当时洛蒂从最顶端欣赏美景，并对京都的风景做了如下描述："站在高处的回廊上仿佛翱翔一般，可以俯瞰坦荡的平原上星罗棋布的京城，以及周围被翠绿的松林、竹林覆盖的山峦。"

1887至1897年，专门供人从高处眺望的"观景楼建筑热潮"自

《浅草公园·凌云阁之图》，田口米（1890年），东京都江户东京博物馆所藏。供图：东京都历史文化财团

大阪掀起。1888年，日本桥一带兴建了高5层（约31米）、平面六角形的眺望阁，第二年在茶屋町建造了高9层（约40米）的凌云阁。

观景楼建筑的代表，是以"浅草12楼"闻名的浅草凌云阁。虽然楼名与前面提及的大阪凌云阁相同，但现在提起"凌云阁"，多数是指浅草12楼。凌云阁由威廉·伯顿设计，建于1890年，即埃菲尔铁塔建成后的第二年。它是一座高12层（约52米，含避雷针）的高楼，10层以下为砖造，上面2层为木制。凌云阁里装有日本最早的电梯。在一年前的纽约，世界上第一部载客电梯刚刚由奥的斯推向市场，所以凌云阁也是全世界范围内最早拥有电梯的一批建筑。乘电梯可以上至8层，继续沿台阶而上，便可进入11层和12层的观景空间。从楼上俯瞰下面的城市，能够"亲身体验整座城市尽收眼底的满足感"（前田爱，《城市与文学》），这种新型娱乐形式广受市民欢迎。

掀起观景楼建筑热潮的19世纪90年代，和前述芝加哥、纽约开始出现摩天大楼的时间吻合。尽管浅草12楼是用砖建造，未采用摩天大楼特有的钢筋，但在高层建筑稀少的东京，这座建筑堪比摩天大楼。

凌云阁最初含有"穿过云层的建筑"之意，一度几乎成为摩天大楼的同义词。浅草凌云阁诞生18年后的1908年，永井荷风在《美国故事》中，这样描写芝加哥的摩天大楼：

右边遥遥可见灰色的芝加哥大学大楼，左边耸立着两三座看
似酒店的高大凌云阁，和雨后白云变幻的天空颇为协调，不由吸
引着我驻足凝望。明明站在将要访问的朋友家门前，一时间竟然
忘记按响门铃。

　　永井荷风将芝加哥的摩天大楼写成"凌云阁"，还在原文中对该词
做了英文注解（浅草凌云阁的设计师威廉·伯顿，初来日本时原本是
整治下水道环境的技术人员。将他请到日本的人，是当时担任内务省
卫生局第三部长的永井久一郎，即永井荷风的父亲）。

　　此外，1911年发行的《高层建筑》（池田稔）中提到，"在不限制
高度的美国大城市里，随处可见凌云阁林立"。这里也用了凌云阁一词。
可见对当时的人们来说，浅草凌云阁已经是公认的摩天大楼。

　　观景建筑的热潮转瞬即逝。浅草凌云阁8层以上的部分在1923
年的关东大地震中坍塌，后由于存在整座建筑崩塌的危险，被爆破
拆除。

永井荷风与三越百货店的高层大厦

　　此后，"skyscraper"对应的词语不再是"凌云阁"，而是"摩天大楼"。
最早的使用范例之一是1941年发行的《纽约》（作者原田栋一郎，大阪《朝
日新闻》纽约特派记者）："……几条马路如潺潺溪流，从高耸的摩天大
楼群中穿过，宛若穿行于蜀山三峡的峭壁。纽约著名的摩天大楼大概
都云集于此。"摩天大楼已成为纽约的代名词。

　　出版该书的1914年，是东京站丸之内车站大楼建成之年，也是永
井荷风在文艺杂志《三田文学》上开始连载《晴日木屐》之年。他将
自己的东京市内见闻整理成随笔发表，其中有一段对当时高层建筑的
描述。

走在日本桥大街上，每当眺望三井、三越等近来竞相耸峙的美国式的高大商店，我就会产生一种愚不可及的想法：如果东京市的实业家真的知道日本桥、骏河町这些名字的由来，并对这些地方的传说感兴趣，就会明白"从繁华的市内远眺晴空万里的富士山"的往昔风景，已绝无可能再出现了。

这里所谓的"美国式的高大商店"，指的是 1914 年用钢筋混凝土建造的三越吴服店（今三越）新楼。新楼地上有 5 层（部分 6 层），檐高 93 尺 3 寸 7 分（约 28.3 米），中间有高塔，最顶部达到 170 尺（约 51.5 米）。报刊将其夸耀为"苏伊士以东无出其右者""苏伊士以东最棒的商店"（初田亨，《百货商店的诞生》）。

永井荷风哀叹建造这种现代风格的高层建筑让东京失去了江户的旧貌，这不禁让人想起亨利·詹姆斯，他曾批评鳞次栉比的摩天大楼毁灭了古老而美好的纽约风景。亨利·詹姆斯深深眷恋耸立在曼哈顿空中的三一教堂尖塔，以及这座塔勾画出的空间轮廓；永井荷风则怀念屹立在大商店成片的骏河町远方的富士山美景。

然而，在永井荷风的哀叹声中，东京的建筑继续向高层发展。1921 年，新楼旁边又新建了地上 5 层（部分 7 层）的西楼，这座建筑上面同样有塔，塔顶部的高度达到了 200 尺（约 60.6 米）。直到 1936 年国会议事堂建成之前，一直是日本最高的建筑。在该塔距地面 143 尺 5 寸 5 分（约 43.5 米）处设置了观景室，西楼楼顶还建有空中花园。明治末期至大正年间，以三越为首，松屋、白木屋等百货商店都开始修建空中花园，并作为观景场所对公众开放。

观景楼建筑衰败后，供百姓登高眺望的场所逐渐转向百货商店。

丸之内的"一丁纽约"与 100 尺高度限制

到了大正时期，基于第一次世界大战背景下的经济繁荣，再加上钢筋混凝土技术的不断进步，带来了钢铁构架和钢筋混凝土建造的高层大厦热潮。

摩天大楼在纽约真正得以发展的 20 世纪前 30 年，东京又多了东京海上大厦旧楼（1918 年）、丸之内大厦（1923 年）等办公大楼，三越等百货商店也都在向高层发展。连接东京站和宫城（今皇居）的行幸大道两侧，排满了高 100 尺（约 31 米）左右的大楼，因而被称作"一丁纽约"。

东京建筑虽说向高层发展，却并未达到纽约和芝加哥的程度。当时，纽约已建成了以"商业大教堂"——伍尔沃斯大厦为代表的 200 米以上的超高层建筑。也许很多人会觉得将高 30 米的建筑群与纽约的相比，简直是不知天高地厚。但是，在普遍高度为 3 层左右的时期，高度超过其两三倍的大楼，已经算是宏伟的高层建筑了。

1933 年，东京市内的建筑总数是 91.7147 万座（数据引自《东京市统计年报》），其中 3 层以上的建筑（木制除外）只占 0.2% 左右。1935 年的调查显示，东京市内 7 层以上的建筑仅有 78 座。所以在当时，100 尺的大厦群，会让人们感受到摩天大楼般的高度。

1920 年，现行《建筑标准法》的前身《市区建筑法》开始实施，将住宅区域的高度限制在 65 尺（后改为 20 米），其他区域则是 100 尺。

定为 100 尺基于以下四点考虑：(1) 当时建设中的丸之内大厦等已有的最高建筑的高度；(2)《东京市建筑条例意见》和《伦敦建筑法》中规定的高度限制；(3) 吉数（数字易区分）；(4) 消防作业的极限（云梯能达到的高度）等，但并未进行科学的调研。不过，这一标准贯彻了 50 年之久，使东京丸之内、大阪御堂筋等日本大城市的空间轮廓得到了有效的规范。

军舰岛、同润会公寓、野野宫公寓

不仅是办公大厦，住宅建筑也在向高层发展。日本最早由钢筋混凝土建造的高层公共住宅出现在长崎的端岛，也就是"军舰岛"。这是一座漂浮在距长崎市约 18 千米的海面上、面积约 6.3 公顷的小岛。因高层建筑林立，令小岛看似军舰而得名。

1890 年，三菱公司开始在岛上开采煤炭，军舰岛借采矿业得到发展。随着采矿工人的增加，产生了大量居住需求，在面积有限的岛上，高层住宅成了安置人口的手段。充分合理地利用有限的土地，这一点与曼哈顿如出一辙。不过，在经济合理性之外，对高度的纯粹追求是推动纽约高层建筑风潮的主要力量。与之相反，军舰岛则纯粹是为了生活需求而向高层发展，在这一点上，两者大相径庭。

1914 年，钢筋混凝土建造的 30 号楼竣工，共 7 层。以此为开端，1918 年又建成了 9 层高的 16 至 19 号楼和 7 层高的 20 号楼。在那之后，为适应人口增长，军舰岛重点建造 5 至 9 层的住宅。最繁荣的时期（1960年），岛上人口增加到 5267 人。

在第一章，我们描述过古罗马的高层公共住宅因苏拉，当时罗马的人口密度是每公顷 617 人。军舰岛的人口密度远超罗马，达到每公顷 836 人，是一座高层建筑过于密集的城市。

后来，东京也开始尝试建造钢筋混凝土的高层住宅。在 1923 年 9月 1 日发生的关东大地震中，共有 46.5 万户住宅倒塌或被烧毁，为配合灾后重建，开始兴建钢筋混凝土的公共住宅。为改造问题住宅、兴修防火住宅，财团法人同润会应运而生。1925 年，在青山、中乡及代官山等地，开始建设以 3 层为主的钢筋混凝土公寓。昭和时期建造的大塚女子公寓和江户川公寓则均为 6 层，并配备电梯。

此外，还有私人建造的御茶水文化公寓（威廉·梅瑞尔·沃里斯设计）和九段下野野宫公寓（土浦龟城设计）等高层公共住宅。1936

左上：1935年左右的丸之内御幸大道，战后改称行幸大道。引自：石黑敬章编著、解说，《明治、大正、昭和东京写真大全》（2001），新潮社，p.53

左下：军舰岛。摄影：大野隆造

右：九段下的野野宫公寓（1936年）。摄影：朝日新闻社

年竣工的野野宫公寓，是一座贴满蓝白条纹花砖、地上7层（算上阁楼实际为8层）的典雅的现代主义建筑，楼内没有日式房间，是无须脱鞋便可任意活动的欧美式公寓。室内除了土浦龟城亲自设计的家具，还配备了垃圾滑槽和暖气片等最新设施。据说当时的房租相当于刚踏上社会的员工平均工资的5倍，是面向高收入阶层的高级出租住宅。

国家工程——国会议事堂

1936年，国会议事堂（建成时称帝国议会议事堂）建成，塔身总高65.45米，超越了前面提到的日本桥三越西楼，成为当时最高的建筑。

国会议事堂可以说是明治维新以来，日本现代国家建设的杰作，全部采用日本国内的技术和材料。明治维新后，日本凭借"雇用外国人"

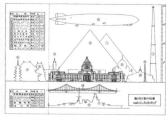

左：国会议事堂（1936 年前后）。

右：国会议事堂的"高度和长度比较图"。图中的表格记载了原町无线电信塔（福岛）、三越总店（东京）、东寺五重塔（京都）、东大寺大佛殿（奈良）、名古屋城天守阁（爱知）、东京放送天线塔、国技馆、丸之内大厦（东京）的相关数据。引自：大藏省营缮管财局编纂，《帝国议会议事堂建筑概要》（1936），p.46、p.115

之力不断推动文明开化、富国强兵的国家建设，并试图通过完全独立制造来展示国力。西方有的议事堂采用具有本国代表性的石材做外墙材料，日本在建设国会议事堂时，选用的是产自山口县黑发岛和广岛县仓桥岛的花岗岩。

66 米高的国会议事堂，是丸之内大厦高度的 2 倍多，"在观景层极目远眺，眼前景色一览无余，从品川海面直至房总山峦、秩父连山、富士山，最远可及中部山岳"（大藏省营缮管财局编纂，《帝国议会议事堂建筑概要》）。正如上述记载，在高层大厦稀少的当时，国会议事堂可一眼望尽富士山、东京湾，甚至房总山峦。

国会议事堂还安装了极具冲击力的灯光："方形平屋顶上装配了 24 台 1000 瓦的投光灯，夜间打开照明，216 尺（约 67 米）的高塔仿佛悬在半空中。"（同前书）从建成之时起，展现在世人眼前的国会议事堂就是一座地标性建筑。

二战前日本最高的大楼是国会议事堂，超过这一高度的高层大厦（甚至超过 100 米的超高层建筑）的出现，则是战后经济快速增长期的事情。

第五章　超高层大厦与塔楼的时代

——20 世纪 50 至 70 年代

盖伊·托佐利："如今，肯尼迪总统已准备将人类送上月球。希望你能建造世界上最高的大楼。"

——安格斯·K.吉莱斯皮，《世界贸易中心》

面对这个庞然大物，一时间心里五味杂陈，不知该说什么。

——前川国男与宫内加久，

"关于东京海上大厦"的对话，《建筑》1974 年 6 月

第二次世界大战后，经济增长催生了对高层大厦的需求，工业技术的进步使人们可以遵循标准化建造更多的大厦。从 20 世纪 50 年代到 70 年代，100 米以上的超高层大厦不再局限于美国，欧洲和日本都开始出现。

这是属于超高层大厦的时代，同时也是电视塔和观景塔等独立式高塔的时代。随着战后新媒体——电视的普及，电视塔作为城市的新象征，耸立于世界各地。

超高层大厦和高塔作为新城市的标志被人们接受。古老破旧的城市在"翻新城市"的名义下重新得到开发，谋求向高层发展促进了城市的健康运转，也带来了舒适富足的生活。

本章将探索 20 世纪 50 至 70 年代超高层建筑的发展进程和背景，这一话题仍将以美国为主角，也会关注欧洲和日本超高层建筑的发展

状况。

关于高塔，会将西德（德意志联邦共和国）钢筋混凝土电视塔作为主要介绍对象，同时也会探讨社会主义国家、北美国家及日本的塔的发展进程。

这一时期，高层建筑的负面影响有所显现，本章对此也会有所阐述。

本章内容分为"超高层大厦""高塔""向高层发展的暗影"三部分。日本的内容之前都是整理于每章最后，本章则将在上述三部分中分别进行阐述。

钢铁和玻璃建造的美国摩天大楼

19 世纪末诞生于美国的摩天大楼，经历了第二次世界大战后工业和经济的飞跃，得到了进一步发展。如上章所述，纽约基于 1916 年分区条例的斜线限制，开始建造越往上越细、宛如古代宗教建筑通灵塔般的阶梯状建筑。之后，受 1929 年大萧条和第二次世界大战等影响，高层大厦的建设停滞不前，直到 20 世纪 50 年代才再次掀起建设热潮。但此时流行的已不是之前石材贴面的阶梯型高层大厦，而是自下而上垂直延伸的钢铁和玻璃建筑。

"中庭、桩柱 + 超高层"模式的利华大厦

二战后摩天大楼热潮的先驱，是 1952 年在纽约中心区公园大道旁竣工的利华大厦。这座大厦是经营肥皂等家庭用品的利华兄弟公司总部，由 SOM 建筑设计事务所的戈登·邦夏设计。该事务所 1936 年成立，如今以世界最大的高层建筑设计事务所闻名，2014 年建成的世界最高建筑迪拜哈利法塔，正是出自 SOM 之手。

利华大厦高 92 米、共 24 层，并不是纽约超高层建筑的代表，但它的意义并非在高度上。它是由桩柱建筑方式撑起的两层低层部分和垂直向上的 24 层高层部分构成的大厦，由玻璃与金属建成，极具新意。正如设计师邦夏所言："美国是钢铁和工业之国，钢铁、铝、玻璃及塑料等工业制造的材料使建筑工业化，考验着建筑师们的创意，使他们充分发挥自己的想象力和创造力，创造出既轻便又能最大限度包容一切的空间。"（神代雄一郎编，《现代建筑的建设者》）利华大厦完美体现出了工业化社会高层建筑应有的形态。

二战前流行的阶梯型大厦层数越低，建筑面积就越大，得不到阳光照射的部分也会相应增大。而自下而上垂直延伸的长方体形式使低层室内同样可以正常采光。长方体的高层部分较薄，所占据的用地面积只有 25%。

玻璃幕墙的设计，也使内部空间更易采光。由于幕墙不直接承受重量，因此可将玻璃面加大。上一章提到的密斯·凡德罗，已将这种技法用于芝加哥高层住宅（1951 年建成的 26 层湖滨公寓）。

此外，低层部分的地面中庭和桩柱部分也对外开放。这是勒·柯布西耶思想的传承，他一向提倡阳光和空地的重要性。

也就是说，利华大厦充分体现了凡德罗和柯布西耶两位现代主义建筑大师的影响力。由玻璃和铝构成的利华大厦为砖石建造的高级公寓街区——公园大道引入阳光和空气，并对后来的高层建筑产生了巨大的影响。

"广场＋超高层"模式的西格拉姆大厦

与利华大厦一起引领战后摩天大楼走向的，是 1958 年建成的西格拉姆大厦。这座大厦和利华大厦隔着公园大道斜向而对，是为纪念西格拉姆酿酒公司成立 100 周年建造的总部大厦，由密斯·凡德罗负责

左：利华大厦。摄影：Dorling Kindersley/Getty Images
右：西格拉姆大厦。摄影：aflo.com

设计工作。

最初的设计师并非凡德罗。西格拉姆公司总经理山姆·布朗夫曼的女儿菲利斯·兰伯特抱怨最初的设计方案平淡无奇，希望建造类似同处曼哈顿的利华大厦或联合国总部大厦（1952 年竣工，共 39 层，高 153.9 米）那样能够体现新时代的建筑。"您责任重大，这座大厦不只为西格拉姆公司的员工而建，它属于纽约和全世界所有人。"兰伯特将这封信交给了父亲，促使他重新考虑（菲利斯·兰伯特，《建造西格拉姆》）。

父亲将挑选设计师的工作交给了兰伯特，她在勒·柯布西耶、弗兰克·劳埃德·赖特、瓦尔特·格罗皮乌斯、路易斯·康等著名候选人中，最终选定了凡德罗。凡德罗曾说过："我们应该通过新课题的本质，来看待新形态的出现。"兰伯特认为只有他才是能够令建筑成为彻底摆脱通灵塔形状的新时代高层大厦的设计师。

经凡德罗之手设计的西格拉姆大厦，高 159.6 米、共 38 层，无愧超高层大厦之名。虽然与利华大厦一样由玻璃和金属构成，但并不完全相同。

不同之一是对待空地的方式。利华大厦将桩柱和中庭连成一体对外开放，而西格拉姆大厦从公园大道后撤 27.4 米，留出的空间设计成铺装大理石的公共广场。

设计这座广场，并不是从城市规划的视角出发的。当时纽约的建筑都紧邻道路或用地的红线，很难看到建筑的全貌。设计师凡德罗坦言："将建筑推后，只为更好地展现全貌。"（《建筑师教程：密斯·凡德罗》）这种独特构思，体现了崭新的设计理念。

西格拉姆大厦简约的设计，体现了凡德罗的"less is more"，展示出新型高层建筑的实际形态和城市形象。世界各地争相模仿这座建筑，但这些仿造的建筑"都没有真正捕捉到凡德罗细腻的感性"（肯尼斯·弗兰姆普顿，《现代建筑》），也就不可能得到肯定的评价。终于，玻璃和钢铁建造的现代主义建筑沦为枯燥无味的箱型的代名词，被嘲笑为"less is bore"（越少越无趣）。

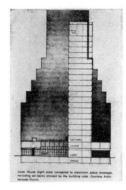

利华大厦的剖面图和分区条例的比较。引自：铃木升太郎著，《美国建筑纪行》（1964），建筑出版社，p.11

引入容积率限制和"公园之塔"型高层大厦

利华大厦和西格拉姆大厦这类拥有公共广场的新型超高层大厦，并非依循当时的建筑规定建成，而是由建设方和投资商自行决定的。当时的规定是上一章提到的1916年制定的分区条例中的高度限制（斜线限制），即随着建筑高度的增加，墙体要越来越远离道路，故那一时期的建筑多为阶梯状大厦。

本页的图片是利华大厦和修改前的分区条例所允许的建筑轮廓的重叠图，通过此图可以得知，利华大厦比规定允许的建筑要小。

新型建筑很难达到修改前的分区条例允许的最大使用面积，经济价值也就降低了。

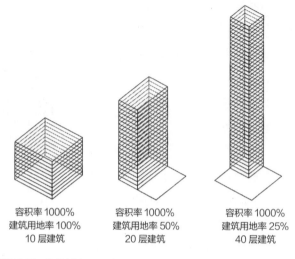

容积率 1000%　　　容积率 1000%　　　容积率 1000%
建筑用地率 100%　　建筑用地率 50%　　　建筑用地率 25%
　　10 层建筑　　　　　20 层建筑　　　　　40 层建筑

容积率的概念图。著者自制

　　也就是说，利华大厦和西格拉姆大厦的建设方未将保障使用面积并获取经济利益放在首位，而是把新时代的建筑模式引入曼哈顿。这样的行为是第一次，也是颇具意义的。

　　当然从另一个角度看，钢铁和玻璃构建的大厦能够提升企业形象和广告宣传。与此同时，这种设计使大厦的自身价值也得到提升，各楼层的采光都能保证。环境得到改善，不仅公司专属的办公楼如此，就连租赁大厦也受到了好评。这些优点能抵消使用面积减少造成的收入下降，也可以说是一种符合经济发展的选择。

　　归根结底，这还是建设方和商人自主决定的结果。之后，为改善城市环境，纽约市开始引导业主们建造拥有宽敞开放空地的“公园之塔”型超高层大厦。

　　具体来说，1961 年政府对分区条例进行修改，由之前的斜线限制改为容积率限制。

　　所谓容积率，即“建筑总使用面积和建筑用地的比率”，如果容积率是 1000%，就相当于在 1000 平方米的用地上建造了使用面积 1 万平方米的建筑。

和斜线限制相比，容积率限制的好处之一是增加了建筑形式的灵活性。一座 10 层建筑与用地面积减半的 20 层建筑，容积率均为 1000%。所以，在容积率固定的情况下，建筑物的占地面积越大，楼层数就越低；占地面积越小，则楼层数越高。也就是说，若将建筑建得又细又高，就可以在其周围修建广场。

容积率限制的好处还不止于此，和斜线限制相比，这种方式还能够直接控制建筑体积。

如上一章所述，修改前的条例原本是为了缓解交通拥堵，但效果并不明显，也因此遭到批评。

交通拥堵的原因之一是进出附近大楼的人数众多，解决拥堵的方法之一便是控制辖区的人口密度。如果人口密度与建筑的使用面积大致对应，就能体会到容积率限制比斜线限制更合理。

容积率限制遭到房地产商和承建商的强烈反对，因为和之前的规定相比，可用于开发的土地面积有可能减少到五分之一。帝国大厦的容积率为 3047%（是利华大厦的 5 倍），但新条例规定，即使在个别特殊区域，最高容积率也不得超过 1500%，可见比之前的限制要严格得多。

针对业内的反对意见，负责修改分区条例的核心成员、城市规划委员会主席詹姆斯·菲特反驳道："限定形态的修改方案对开发商或许是痛苦的，但对改善城市环境有极大的作用。"（坂本圭司，《关于美国以摩天大楼为核心的建筑形态规制的出现及其变迁的研究》）最终修改得到了实现。

虽说对容积率实施了限制，但大楼周围未必都建有向公众开放的空地和广场。

于是，纽约市开始考虑对配置广场的建设方给予容积率补贴，具体为每1平方米广场补贴5平方米使用面积。政府希望开发商多多占用空地，以补贴容积率这种刺激方式，推动有开阔空地的高层大厦的建设。

对行政当局而言，这种方法无须花费便可保障市内的开放空地，并对土地所有者和房地产商产生更大的利益。据说整理空地每花费1美元，通过补偿使用面积获得的租赁收入就能增加43美元。换言之，土地所有者和房地产商人从"对现代主义建筑的巨额补偿金"中，获得了极其可观的利益。

"大街区 + 超高层"模式的大通曼哈顿银行大厦

1931年帝国大厦建成以来，经济危机造成的不景气和战争，使战后短暂时间内纽约的空间轮廓未发生明显变化。为其带来变化的是1961年建成的大通曼哈顿银行大厦。这是一座共60层、高248米，像西格拉姆大厦那样拔地而起的长方体大厦（比西格拉姆大厦高了约90米）。其设计通过垂直的柱体，进一步表现出建筑的垂直特点。

这座建筑的最大特点并非建筑本身，而是将几块用地合在一起建成的超高层大厦和广场，即所谓的"大街区"。

该项目的核心人物是大卫·洛克菲勒，他是标准石油公司创始人、石油大亨约翰·洛克菲勒的孙子，时任大通曼哈顿银行副总裁。

"大街区"的想法，是房地产经纪人威廉·杰肯多夫向大卫提出的，他计划将希达大街老公司总部对面的用地合并，重新开发，建造配得上"世界第二大银行新公司办公楼"的超高层建筑。

大卫、威廉和设计方SOM公司一起，对两个方案进行了讨论：第一方案，不合并用地，在每块用地上按规定上限建造52层和15层大厦；第二方案，将夹在用地间的道路规划进来，按"大街区"建造一座超高层大厦和1万平方米的广场。

世界贸易中心。摄影：中井检裕

如大卫所愿，大通曼哈顿银行的董事们最终选择了大街区方案。

大卫的父亲小约翰·戴维森·洛克菲勒，因 20 世纪 30 年代在市中心建造洛克菲勒中心而闻名。这座大厦由几个建筑群构成，是城市开发最早期的尝试，最终被纳入现存的曼哈顿网格中。与此相对，儿子大卫建造的大通曼哈顿银行大厦，则意图通过街区重组，以大街区模式重新开发，两者有很大差异。

要实现大街区模式，必须得到道路的主管部门，也就是纽约市政府的协助，于是，SOM 向政府提出了一项建议。大通曼哈顿银行将一部分用地作为周围道路的扩充用地提供给城市当局，并以高于当时市值的价格买下两块用地之间的道路。此举可通过修整广场和扩充道路来改善城市环境，市政府采纳了这项建议。

通过推广大街区模式，不仅建成了当初预定的用地面积不可能建造的大规模大厦群，还将建设用地中 70% 的空地充分利用起来。大通曼哈顿银行大厦大获成功，成了通过大街区开发超高层建筑的先驱，大卫·洛克菲勒也积极参与了之后的世界贸易中心的建设。

这座世界贸易中心，就是在 2001 年 9 月 11 日发生的系列恐怖袭击事件中不幸倒塌的超高层大厦。

竞争世界第一高度——世界贸易中心和西尔斯大厦

进入 20 世纪 70 年代，纽约世界贸易中心和芝加哥西尔斯大厦诞生，高度超越了长期占据世界第一宝座的帝国大厦。

建造世界贸易中心的背景

建于曼哈顿下城的世界贸易中心，以两座超过 400 米的超高层大厦为中心再开发而成，在合并已有的曼哈顿网格、实现大街区模式的基础上，配有以双子塔为首的 7 座大厦。

双子塔地面部分都是 110 层，北楼高 417 米（1368 英尺），南楼为 415 米（1362 英尺），比当时最高的帝国大厦高出约 30 米。

其使用面积也很大，包括用地内 5 座低层大厦在内，总使用面积共计 92.9 万平方米，相当于国防部五角大楼（约 60 万平方米）的 1.5 倍、帝国大厦（约 20 万平方米）的 4.6 倍。

这一庞大项目可以追溯到 20 世纪 50 年代。当时，由于战后的经济增长，城市中心地区得到繁荣发展，但包括华尔街在内的南部曼哈顿地区，却处在被遗弃的状态。大卫·洛克菲勒在华尔街规划大通曼哈顿银行大厦项目，挽回该地区的颓势是重要的目的之一。对纽约的城市开发有巨大影响力的政府官员罗伯·摩斯提醒洛克菲勒："如果没有后续的项目，钱就打水漂了。"（大卫.洛克菲勒，《洛克菲勒回忆录》）从 30 年代到 60 年代，摩斯完成了高速公路、隧道、桥梁、公园、体育场及高层住宅等为数众多的公共项目，是无愧于"纽约建筑大师"之名的掌权人（最早的国际性超高层大厦——联合国总部大厦亦是摩斯的成果之一）。

大卫接受了摩斯的忠告，最终决定复兴整个曼哈顿城。

曼哈顿下城协会（DLMA）为此专门成立，大卫将美国电话电报公司、摩根大通集团、国民城市银行、美国钢铁公司、摩根斯坦利等各地有实力的企业邀入协会，希望借此扩大影响力。除此之外，项目的执行还必须交由在资金筹措和土地买卖等方面有经验的委托方。协会选中了纽约新泽西港务局，并获得管辖港务局的纽约州、新泽西州及纽约市的同意，完成了项目的准备工作。

项目开始之际，大卫的哥哥、纽约州州长纳尔逊·洛克菲勒宣称："我们要创造战后美国经济的卓越象征。"（饭塚真纪子，《创造9·11目标建筑物的男人》）兄弟二人的祖父创建的标准石油公司总部就曾经在曼哈顿下城地区。对他们而言，世界贸易中心规划也有复兴洛克菲勒家族的起家之地——曼哈顿下城的意义。

山崎实的设计方案

1962 年，日裔美籍建筑师山崎实着手世界贸易中心的设计工作。他研究了 100 多个方案，得出的结论是建一座双子塔。最初的方案高度只有 80 层，使用面积不足 18 万平方米，港务局的要求是 90 万平方米，只能达到 20%。规划为 80 层，是因为一旦超过这一高度，电梯等公用空间就会过大，租赁空间必将受到影响。

然而，项目委托方港务局的杜苏里说服了山崎："如今，肯尼迪总统已准备将人类送上月球。希望你能建造世界上最高的大楼。"（安格斯·K.吉莱斯皮，《世界贸易中心》）最终设计了 110 层的双子塔。电梯问题通过开发"空中走廊"得到解决。大厦内 44 层和 78 层设有电梯换乘平台，减少了电梯部数。

以"阿波罗计划"为契机，追求高度极限，其实有更加现实的理由。世界贸易中心作为租赁型大厦，如果无法招揽承租人，项目的成功就无从谈起，于是项目委托方寄希望于以"世界第一高度"为卖点，运作市场营销。

然而，对这种从"用公租房填满地皮，一味建设高大上"的发财梦中裂变出来的庞大项目，不少人持批评态度。"公平世界贸易中心委员会"就是其中非常有代表性的团体。

如名称所示，该委员会对世界贸易中心庞大的建设费用提出批评，要求缩小项目规模，并倾向于保护被强迫搬离的原住居民和中小企业。但此举背后其实另有企图，委员会主席劳伦斯·A.维恩，正是拥有帝国高层建筑等大厦的房地产公司的代表。他们担心世界贸易中心建成后，帝国大厦将失去世界第一高度的宝座，租金和资产价值也会随之下跌。

双子塔的含义

由于对项目持反对意见的人提出众多诉讼，大厦建设停滞了几年，但最终在 1972 和 1973 年分别建成了北楼和南楼，世界上最高的两座大厦就此诞生。

然而，在建设过程中，人们就已知晓大厦的高度将很快被超越，因为芝加哥已经开始建造高 442 米的西尔斯大厦。

尽管如此，正如前面介绍的，山崎实不像雇主港务局那样拘泥于高度，而是将设计重心放在双子塔上。

> 两座大厦一模一样，这是设计的关键所在。因为无论建造多高的大楼，都会很快出现超越者。
>
> "曼哈顿从来都是只建一座大厦，现在我们决定要建两座。这两座塔楼，将清晰鲜明地勾画出曼哈顿的空间轮廓。"
>
> ——饭塚真纪子，《创造 9·11 目标建筑物的男人》

双子塔这种形式，很像设置在古埃及神庙入口的塔门和方尖碑等建筑，哥特式大教堂入口西侧也有很多双塔（见第一、二章），相邻的双塔，原本就有入口或门的含义。

从远处眺望世界贸易中心时，相邻的双塔轮廓特点尽显，对来到曼哈顿的人来说犹如一扇大门。如此想来，设计风格朴素的双子塔，既可理解为"资本主义的大教堂"，也可以理解为耸立在资本主义神殿曼哈顿的方尖碑。山崎实说，设计世界贸易中心广场时，他的脑海中曾掠过威尼斯圣马可大教堂广场的影子。

对来到威尼斯的船只来说，矗立在圣马可广场的钟楼就是地标性建筑，或许山崎实也将双子塔看成到访曼哈顿的一种标志。

圣马可大教堂的钟楼在 1902 年自然倒塌，当时的塔是重建后的。而世界贸易中心在那座钟楼倒塌约 100 年后的 2001 年，不幸成了恐怖袭击的目标。

电影中展现的超高层大厦

世界贸易中心成为曼哈顿新的地标性建筑后，于 1976 年出现在公映的电影《金刚》翻拍版中。1933 年公映的原版影片中，金刚登上了刚刚建成的帝国大厦；约翰·吉勒明翻拍时，将帝国大厦改为世界贸易中心。

约翰·吉勒明在两年前的 1974 年就拍摄了描写超高层大厦火灾的影片《火烧摩天楼》。影片中，一座名为虚构的旧金山新建筑"玻璃塔"（地面高度 138 层）在竣工宴会上突发火灾，大厦的设计者兼建筑师和消防员试图营救在场人员。一场劣质工程引发的小火情演变成无法控制的重大火灾，展现了巨型封闭空间的管控难度，以及超高层大厦的缺陷。当时的美国疲于漫长的越南战争，水门事件、石油危机造成的经济不景气、环境污染等问题堆积如山，象征美国繁荣的超高层大厦也渐被冷落。美国人萌发了对超高层大厦的担忧和排斥，这些我们会在后面谈到。

芝加哥依靠西尔斯大厦夺回世界第一高度

1974年，世界贸易中心南楼竣工仅一年后，芝加哥市中心就建成了高442米（1454英尺）、110层的西尔斯大厦。

大厦高度超过世界贸易中心约100英尺，世界第一高度的宝座又回到了摩天大楼的发源地芝加哥（芝加哥1969年建成由SOM设计的高344米的约翰·汉考克中心，西尔斯大厦比其高出约100米，总使用面积更达到40.92万平方米，是汉考克中心的1.5倍）。

顾名思义，西尔斯大厦是美国百货巨头西尔斯·罗巴克公司（以下简称西尔斯）的总部大厦。1887年，汽车的普及使郊区的购物中心发展壮大，靠目录邮购销售起家的西尔斯，开始在这些商场开设分店，经营业绩节节攀升。

在最辉煌的时代，美国半数以上的家庭都持有西尔斯发行的信用卡，每花费5美元购物，就会有1美元存入西尔斯的账户。也有人说，西尔斯占据着美国GNP（国民生产总值）的1%。这家公司的影响已深植美国人的生活，对美国的经济基础起着举足轻重的作用。

以5分1角商店壮大起来的伍尔沃斯公司建造了伍尔沃斯大厦；20世纪20年代汽车普及时期，克莱斯勒公司规划了克莱斯勒大厦；西尔斯想要建造最高的大厦也在情理之中。

西尔斯大厦的创始人、时任主席戈登·梅特卡夫曾这样说："我们公司是全世界最大的零售商，理应拥有世界上最大的公司总部。"（唐纳德·R.卡茨，《西尔斯革命》）

西尔斯大厦象征着"西尔斯王国"，但大厦出现在芝加哥的空间轮廓上时，却已是王国走向没落之际。到了20世纪70年代，沃尔玛、凯马特等超市和折扣店开始兴起，西尔斯的顾客流失也日趋严重。

然而，或许是出于世界最大的百货巨头的自傲，西尔斯忽视了其他竞争公司的存在和顾客的需求，只专注于运营巨大的组织内部。也有人认为，建造西尔斯大厦就很好地说明了这一问题，于是，建成后的西尔斯大厦被看作"展示公司傲慢的纪念塔"。（阿瑟·马丁内斯等著，《百年老店西尔斯》）

西尔斯大厦。摄影：aflo.com

西尔斯大厦拥有可供约 1.3 万人工作的使用面积，但随着公司业绩的下滑、裁员和办公计算机小型化，逐渐出现了无人利用的空间。最终在 80 年代末，公司决定将总部搬到芝加哥郊区的低层建筑中。1989 年，西尔斯大厦成了抵押品，并于 1994 年被变卖。2009 年，这座大厦更名为韦莱集团大厦，"西尔斯大厦"这个名字自此消失。

欧洲的超高层大厦

与美国不同，拥有历史底蕴的欧洲城市对建筑向高层发展持消极态度。在第二次世界大战后，有些城市希望在重建时恢复被战争毁掉的街区旧貌，但也有不少城市希望以战争灾害为契机，通过彻底的重建使建筑向高层发展。

进入 20 世纪 50 年代，西欧也开始建造 100 米以上的超高层大厦，但数量远不及美国。此外，在建设超高层大厦时，欧洲非常重视原有的市区容貌，尤其是进入现代社会之前已有的历史性地标建筑。

超过 100 米的高层住宅佩雷塔、维拉斯加塔楼

欧洲最早超过 100 米的高层建筑，是 1952 年建于法国亚眠火车

从米兰大教堂远眺维拉斯加塔楼。摄影：藤田康仁

站前的 27 层高层住宅"佩雷塔"，其高度为 104 米，加上天线部分的总高度达到了 110 米。

第二章我们提到，法国亚眠至今都以拥有穹顶最高的大教堂而闻名。作为第二次世界大战后的复兴规划之一，钢筋混凝土建筑之父奥古斯特·佩雷规划了高层住宅项目，他给建筑高度设立了一个标准，即不高于约 1 千米外那座 112.7 米的亚眠大教堂尖塔。

之后，意大利米兰也建造了 100 米以上的高层住宅，这就是 1958 年竣工的维拉斯加塔楼，一座顶部如蘑菇般隆起的商住两用大厦。其高度为 106 米，醒目地突入市内的空间轮廓，仅比米兰大教堂 108 米高的尖塔逊色一点点。

维拉斯加塔楼就建在大教堂南面约 400 米处，规划时应该已经明确其高度不会超过象征米兰的大教堂。

时光倒流至第二次世界大战前，围绕着米兰大教堂，有一段关于墨索里尼的插曲。1933 年，墨索里尼法西斯政权规划建造利托里奥塔楼，高度同样低于米兰大教堂。这座塔楼由钢筋建造，为配合距离米兰大教堂约 1 千米的塞姆皮昂公园举办的美术展览会而建。最初的方案设计高度是 81 米，墨索里尼认为过矮而将之否定，要求"高过米兰大教堂的最顶部"（保罗·尼克罗佐，《建筑师墨索里尼》），因此，高度又增至 110 米。

但几个月后，墨索里尼以"人造建筑不能超越神灵"为由改变初衷，下令将规划变更为"至少应比大教堂顶部的圣母玛利亚小像低 1 米"。法西斯政权曾通过与天主教和解、合作，使政权基础得到稳固。或许这一次向天主教方面让步，也是不得已而为之。

表 5-1 20 世纪 60 至 80 年代西欧高度前 10 位的大厦

截至 20 世纪 60 年代末							
顺序	建筑名称	所在地[※]	完成时间	高度（米）	层数	结构^{※※}	主要用途
1	马德里大厦	西班牙马德里	1957	142	34	RC	居住、办公
2	倍耐力大厦	意大利米兰	1958	127	32	RC	办公
3	切塞纳蒂科大厦	意大利切塞纳蒂科	1958	118	35	RC	居住
4	布雷达大厦	意大利米兰	1954	117	30	–	办公
5	西班牙大厦	西班牙马德里	1952	117	25	–	宾馆、办公
6	希洪劳动大学塔楼	西班牙希洪	1956	117	17	–	教育设施
7	洲际大厦	比利时布鲁塞尔	1960	110	30	–	居住、办公
8	佩雷塔	法国亚眠	1952	110	27	RC	居住
9	格尔发大厦	意大利米兰	1959	109	28	RC	办公
10	皮亚琴蒂尼大厦	意大利热那亚	1940	108	31	–	办公

※ 表中地名为当时的行政区划　※※ 结构栏中"复合"指钢筋混凝土（RC）和钢骨混合结构

截至 20 世纪 70 年代末							
顺序	建筑名称	所在地	完成时间	高度（米）	层数	结构	主要用途
1	泊松大厦	法国库尔布瓦	1970	150	42	RC	居住、办公
2	米蒂大厦	比利时布鲁塞尔	1966	148	38	-	政府设施
3	马德里大厦	西班牙马德里	1957	142	34	RC	居住、办公
4	金融大厦	比利时布鲁塞尔	1970	141	36	复合	办公
5	倍耐力大厦	意大利米兰	1958	127	32	RC	办公
6	尤斯顿大厦	英国伦敦	1970	124	36	-	办公
7	拜耳总部大厦	德国勒沃库森	1963	122	32	-	办公
8	马杜花园大厦	比利时布鲁塞尔	1965	120	34	-	办公
9	米尔班克大厦	英国伦敦	1962	119	33	-	办公
10	切塞纳蒂科大厦	意大利切塞纳蒂科	1958	118	35	RC	居住

截至 20 世纪 80 年代末							
顺序	建筑名称	所在地	完成时间	高度（米）	层数	结构	主要用途
1	蒙巴纳斯大厦	法国巴黎	1973	209	58	复合	办公
2	42 大厦	英国伦敦	1980	183	43	复合	办公
3	阿海珐大厦	法国库尔布瓦	1974	178	44	RC	办公
4	基安大厦	法国库尔布瓦	1974	166	42	复合	办公
5	银色大厦	德国法兰克福	1978	166	32	RC	办公
6	里昂信用大厦	法国里昂	1977	165	42	RC	宾馆、办公
7	西方门户大厦	德国法兰克福	1976	159	44	复合	宾馆、办公
8	阿丽亚娜大厦	法国皮托	1975	152	36	RC	办公
9	泊松大厦	法国库尔布瓦	1970	150	42	RC	居住、办公
10	欧洲中央银行大厦	德国法兰克福	1977	148	39	RC	办公

玻璃造的超高层倍耐力大厦

倍耐力大厦。摄影：藤田康仁

利托里奥塔楼的设计者是建筑师吉奥·庞蒂，他因 1958 年设计米兰中央火车站前的超高层建筑倍耐力大厦而闻名。

倍耐力大厦是橡胶生产厂商倍耐力公司的总部。20 世纪 50 年代后半期，意大利正迎来被称作"经济奇迹"的经济增长期，真正意义上的消费社会已经到来。和 20 世纪初期的美国一样，意大利的机动车也得到快速普及，在 1954 至 1964 年的 10 年间，机动车数量从约 74 万辆增至 468 万辆。起引领作用的是 1955 年开始出售的国产机动车厂商菲亚特的大众车型"菲亚特 600"和 1957 年上市销售的"菲亚特 500"。倍耐力大厦正是意大利经济增长和汽车飞速普及的象征。

虽然 127.1 米（32 层）的高度超过了米兰大教堂约 20 米，但建设时并未出现争议。或许人们认为大厦距大教堂有两千米远，影响微乎其微。

倍耐力大厦的特点不只体现在高度，还体现在设计上，就像庞蒂所言："更高、更轻、更薄。"这是一座宛如日本刀刀身般薄而修长的玻璃大厦，显示出新型摩天大楼的发展方向（西武美术馆等编，《吉奥·庞蒂作品集 1891 至 1979》）。

包括倍耐力大厦在内，1960 年时西欧已有 14 座高 100 米以上的大厦。其中，1957 年西班牙马德里建造的高 142 米的马德里大厦（商住两用）、前面提到的佩雷塔、维拉斯加塔楼、倍耐力大厦等大部分都是钢筋混凝土建筑。而 SOM 和密斯·凡德罗在美国使用的是玻璃和钢筋，这是明显的差异。

日本的超高层大厦

20 世纪 50 至 60 年代，欧洲也开始建造 100 米以上的超高层建筑。当时已进入经济快速增长期的日本，自然会被影响。

战后大厦的大规模建设

1955 至 1965 年，日本经济从"特需利好"转为真正意义上的快速增长。1955 至 1970 年，国内生产总值年均增长 15.6%，伴随而来的是办公大厦需求的增加，大厦开始向规模化发展。二战前丸之内大厦的容积率是 654%，二战后容积率超过 1000% 的大厦逐渐增多。

如上章所述，当时日本的建筑高度原则上被限制在 31 米（居住区 20 米）以内，该限制被看作是对大规模办公大厦的制约。虽然也有日本属于地震国家，建筑不能向超高层发展的说法，但同样处在地震带上的洛杉矶 1958 年就解除了 45 米、13 层的高度限制，开始建设超高层大厦。

1962 年，赴欧美考察的建设官员曾说："到访欧洲，没想到钢铁和玻璃这种象征现代化的高层建筑如此之多，令人惊讶不已！"并发自肺腑言道："回国后看到依旧凌乱的低矮建筑，再次深感失望。"（松谷苍一郎，"超高层建筑的问题所在"，《新建筑》1963 年 7 月号）

当时，31 米的高度限制被看作制约发展和创新的主要原因。

正如纽约想要从通灵塔般的阶梯状建筑中摆脱出来一样，20 世纪 50 年代末开始，谋求发展高层建筑的行动也在日本活跃起来。

废除 31 米高度限制，引入容积制度

20 世纪 50 年代，人们指出了 31 米高度限制的两大问题。

首先，从建筑本身来说，高度限制使建筑质量降低。在限制高度

的情况下，为保障足够的使用面积，不少大厦降低单层高度以增加楼层，同时增加地下层数。此外，在限制高度的前提下，若想进行规模化的大厦建设，必然要加大楼盘面积。如果楼房过密，采光不佳的房间就会增加，最终影响办公舒适性。

其次是对城市环境的影响。城市里到处都是建筑，周围的人行道、广场及停车空间就会被挤占。更重要的是，随着使用面积的增加，进出建筑的人和附近的机动车也会相应增加，无疑会加重交通拥挤。于是，放宽 31 米限制的主张逐渐占据上风。人们希望增强建筑形态的灵活性，通过限制容积率控制使用面积。

在这种情况下，1958 年，东海道新干线之父、国铁总裁十河信二[①]公示了将红砖建造的东京火车站丸之内站站楼改建成 24 层的规划方案（当时，八重洲方面正在建设的铁道会馆是 12 层，十河信二认为皇宫对面站楼的合适高度应是会馆的两倍，故定为 24 层）。然而，日本地震频发，若要建造欧美那样的超高层大厦，必须掌握自主的抗震技术。于是，成立了以结构工程师第一人武藤清（东京大学教授）为中心的研究委员会，开始从建筑技术层面展开研究。1962 年，以《关于建筑物合理抗震设计的研究——超高层建筑的新尝试：日本国有铁道重要技术任务》为题的报告出台，明确指出建造超高层建筑时，不采用完全不会摇摆的"刚结构"，而采用使建筑轻微摇摆、将力释放掉的"柔结构"，以实现优良的抗震性能。该报告受到了未在地震中倒塌的五重塔结构的启发。

技术评估通过后，废除高度限制步入实质阶段。1962 年 8 月，池田勇人内阁的建设大臣河野一郎在讲话中谈到了这一点，受此影响，建设省开始认真研究对法案的修订。河野讲话约一年后的 1963 年 7 月，建筑基本法修订完成，决定废除对绝对高度的限制，同时引入容积率

---

①日本铁道官员，新干线的创立者。1955 年被任命为日本国有铁道总裁。

限制（创立容积地区制度）。1964 年，东京指定容积地区废除了环状
6 号线以内区域的绝对高度限制。在全国范围内引入容积率制度，是
1970 年那次法案修订之后。

表 5-2 31 米限高时代的高层大厦容积率

建筑名称	所在地	完成时间	高度（米）	地面层数	地下层数	建筑容积率（％）
丸之内大厦	东京丸之内	1923	31	8	1	645
东京大厦	东京丸之内	1951	31	8	2	728
第一钢铁大厦	东京八重洲	1951	30.1	9	2	820
普利司通大厦	东京京桥	1951	31	9	2	986
新丸之内大厦	东京丸之内	1952	31	8	2	707
日活国际会馆	东京有乐町	1952	31	9	4	1110
大阪第一生命大厦	大阪梅田	1953	41.23※	12	3	1244
东急会馆	东京涩谷	1954	43※	11	2	1180
大手町大厦	东京大手町	1958	31	9	3	1057
新朝日大厦	大阪中之岛	1958	45※	13	2	924
日比谷三井大厦	东京日比谷	1960	31	9	5	1191
关西电力大厦	大阪中之岛	1960	45※	12	2	778
日经大厦	东京银座	1962	31	9	5	1369
新阪急大厦	大阪梅田	1962	41※	12	5	1299
新住友大厦	大阪淀屋桥	1962	45※	12	4	995
大阪神大厦	大阪梅田	1963	41※	11	5	1323

※ 部分建筑物取得建筑基准法的特例许可，超过了 31 米

霞关大厦的诞生与拆除三菱一号馆

虽然东京火车站丸之内站站楼的改建规划自然失效，但在讨论过
程中研发出的技术指导下，1968 年 4 月建成了霞关大厦。结构设计

新东京车站设计图。引自：成田春人，"我国第一座超高
层建筑新东京车站地上 24 层基本构想"季刊《栏目》(1962)
第 3 期，八幡制铁株式会社内部栏目发行委员会，p.33

由先前的研究委员会主席武藤清为首的团队负责，建成了日本最早的
100 米以上的超高层建筑。大厦檐高 147 米(最高处为 156 米，共 36 层)，
与胡夫金字塔的高度大体相当。

　　1964 年 73.2 米的新大谷酒店建成，高度超过国会大厦，位居日本
第一。第二年，横滨游乐场又建成了高 77.7 米（加上尖塔总高 93 米）
的帝国饭店。又过去仅仅三年，高度约两倍于帝国饭店的霞关大厦就
落成了。

　　霞关大厦周围占全部用地 72% 的部分被用作对外开放的空地，与
大通曼哈顿银行大厦一样，真正成为大街区模式下建设的公园式的高
层大厦。另一方面，在霞关大厦诞生前一个月，象征近现代日本的历
史建筑消失。它就是日本最早的西式办公大厦——赤炼瓦街建造的旧
三菱一号馆（当时为三菱东九号馆）。

　　正如第三章中所说，旧三菱一号馆是丸之内办公街起点的纪念建筑。
但在 20 世纪 60 年代，丸之内正在推行由赤炼瓦办公街向新大厦群转变
的"丸之内综合改造规划"。旧一号馆是重新开发的重要一环，也以老
旧为由决定改建。日本建筑学会一直以来主张保存包括旧一号馆在内的
明治时期历史建筑，尽管他们提出了反对意见，但还是未能抵挡经济快
速增长的大潮，旧一号馆最终被拆除。

　　1968 年霞关大厦诞生、旧三菱一号馆被拆除。这是日本经济增长

最快的一年，增长率达到 12.4%。此外，同年的国民生产总值超过德国，紧随美国位居世界第二。经济快速增长过程中，重新开发给城市带来的变化成了人们心中积极发展的前提条件。拆除旧三菱一号馆，被看作日本摆脱陈腐、老旧的上一代办公街，获得新生的标志；霞关大厦标志着日本进入超高层大厦时代，将城市空间从"31 米限制"的束缚中解放出来。可以说，超高层大厦象征着不断发展进步的日本，得到了人们的支持。

上：西新宿的高层建筑群和周边的街市风景。摄影：讲谈社
下：霞关大厦。摄影：朝日新闻社

新宿副都心超高层大厦群的诞生

以霞关大厦建成为分水岭，日本迎来了真正意义上的超高层大厦时代。在首都东京副都心的西新宿，1971 年京王广场大厦（约 180 米）竣工后，超过 200 米的高层建筑如雨后春笋一般，拔地而起。

20 世纪 50 年代起，东京重新规划开发新宿副都心。研究 1960 年的方案就会发现，那时规划的建筑最多为十几层。在 31 米高度限制的时期，已经算是大家公认的"高层建筑"了。60 年代以后的高层建筑能够完成几倍于从前的高度，可见技术的进步还是非常显著的。

1991 年，243 米高的东京都政府第一办公大楼建成，新宿副都心计划也宣告完成。

表 5-3 废除限高令后的主要超高层地上建筑
（20 世纪 60 至 90 年代）

建筑名称	所在地	完成时间	高度（米）	地面层数
霞关大厦	东京霞关	1968	156	36
神户商工贸易中心大厦	神户浜边通	1969	107	26
世界贸易中心大厦	东京浜松町	1970	163	40
京王广场大厦	东京西新宿	1971	180	47
大阪大林大厦	大阪北浜	1973	120	32
大阪国际大厦	大阪本町	1973	125	32
新宿住友大厦	东京西新宿	1974	210	52
KDD 总部大厦（今 KDDI 大厦）	东京西新宿	1974	165	32
新宿三井大厦	东京西新宿	1974	224	55
安田火灾大厦（今损保日本兴和总部大厦）	东京西新宿	1976	200	43
阳光 60 大厦	东京池袋	1978	240	60
新宿野村大厦	东京西新宿	1978	210	50
新宿中心大厦	东京西新宿	1979	223	54
新宿 NS 大厦	东京西新宿	1982	134	30
东京都政府第一办公大楼	东京西新宿	1991	243	48
东京都政府第二办公大楼	东京西新宿	1991	163	34
横滨地标大厦	横滨未来港	1993	296	73

　　和有乐町的旧东京都政府大楼一样，设计工作由建筑师丹下健三负责。由于"东京都政府即日本的象征"（平松刚，《矶崎新的"东京都政府"》），丹下健三尤其重视其象征性，构思出一座双塔型高层大厦，让人想起巴黎和亚眠大教堂。比真实的大教堂更巨大的双塔，是突出象征性不可或缺的元素。

东京都政府第一办公大楼超过 1978 年竣工的池袋阳光 60 大厦（240 米），成了日本最高的建筑。然而，在建成仅仅 2 年后的 1993 年，它就被 296 米高的横滨地标大厦超越。

西欧的塔楼

代表 20 世纪的高层建筑除了大厦，还有电视塔和观景塔等塔楼。电视的普及带动了塔楼的建设。电视播放技术的研发可追溯到 20 世纪初期，但直到第二次世界大战后才得以推广应用。发射电波的电视塔一座座拔地而起，逐渐展露在世界各大城市的空间轮廓中。

早期的电视塔多为模仿埃菲尔铁塔的四脚式铁塔（1959 年埃菲尔铁塔上安装了电视天线，高度增加至 324 米），20 世纪 50 年代中期，钢筋混凝土建造的电视塔在德国诞生后，类似设计的塔楼也开始以西欧为中心普及。

英国的水晶宫发射塔

最早的电视塔用钢筋建造，如德国 1926 年为发射广播信号而建造的总高度 150 米的柏林无线电塔。1935 年，纳粹德国开始定期播放世界最早的电视节目，其电波就发自这里。这座塔在 55 米和 126 米的高度分别设有观景餐厅和观景台，也是观景功能电视塔的引领者。

英国的水晶宫发射塔是用作电视塔的铁塔，1956 年开始发射电波，知名度很高。塔高 219 米，因其形状被称作“南伦敦的埃菲尔铁塔”，深受市民喜爱。截至 1991 年，236 米的加拿大广场一号建成之前，这座塔一直是伦敦最高的建筑。

塔名取自 1851 年伦敦万国博览会的主会场水晶宫，得名经过大致如下。

1854 年博览会结束后，水晶宫从海德公园会场移建到郊区塞登哈姆的山丘上，后于 1936 年被完全烧毁，旧址修整成以水晶宫命名的公园。电视塔建在公园一角，故取名水晶宫发射塔。

博览会上的水晶宫是 19 世纪工业化时代的象征，在水晶宫旧址上建造电视塔，象征着国民的统一，以及启蒙媒体从博览会转移至电视的过程。

表 5-4 世界主要电视塔（20 世纪 50 至 70 年代）

建筑名称	所在地 （国名为当时）	完成 时间	高度 （含天线，米）	结构
水晶宫发射塔	英国伦敦	1956	219	钢骨
斯图加特电视塔	西德斯图加特	1956	211（现为 216）	RC
弗洛里安塔	西德多特蒙德	1958	220	RC
东京塔	日本东京	1958	333	钢骨
多瑙河塔	奥地利维也纳	1964	252	RC
奥斯坦金诺电视塔	苏联莫斯科	1967	537（现为 540）	RC
海因里希赫兹电视塔	西德汉堡	1968	280	RC
奥林匹克塔	西德慕尼黑	1968	291	RC
柏林电视塔	东德东柏林	1969	365（现为 368）	RC
基辅塔	苏联基辅	1973	385	钢骨
加拿大国家电视塔	加拿大多伦多	1976	553	RC
欧洲之塔	西德法兰克福	1979	331（现为 337）	RC

诞生于西德的钢筋混凝土电视塔

20 世纪 50 年代，西德斯图加特提出了用新型塔楼取代铁塔的建议，这就是 1956 年用钢筋混凝土建造的电视塔——斯图加特电视塔。塔高 216 米，由专攻桥梁设计的结构工程师弗瑞兹·莱昂哈特担纲设计。

这座塔使莱昂哈特成为设计钢混结构电视塔的领军人物。顺带一提，埃菲尔铁塔的设计者亚历山大·古斯塔夫·埃菲尔原本也是以设计桥梁为主的工程师。

斯图加特电视塔。引自：弗瑞兹·莱昂哈特，《鲍因盖尔和塞纳河》（1981），斯图加特

斯图加特电视塔最初预定为铁塔，1953 年的设计规划方案将它规划为一座 150 米高的铁塔，顶上装设 45 米的天线，总高度 195 米。然而，莱昂哈特秉持"构造物应当美观"的坚定想法，对铁塔这一方案提出诸多质疑。

斯图加特市区处在平缓的丘陵围成的盆地之中，从市区可以清楚地看到电视塔周遭葱绿的南部丘陵。莱昂哈特认为钢筋铁塔与斯图加特的景致不匹配，作为替代方案，他向建设方德国南部广播公司推荐了用钢筋混凝土建造的细圆柱形塔。他受钢混制烟囱启发，设计出高 200 米以上的细长外形，认为只有这种结构才能融入周围的景色。

采用钢混结构，除了美观，还照顾到了技术上的可行性。设计塔楼时应考虑到，越高的地方风力越强，风是一个很重要的因素。使用钢筋混凝土，可将塔的形状做成细长的圆柱体，从而减轻来自四面八方的风的作用力。另一方面，铁塔受阳光直射，塔身会出现热膨胀造成的歪斜，而钢筋混凝土的优点是能减轻歪斜程度。

钢混结构的难点是建设成本高于钢筋建造，于是按照莱昂哈特的想法，在高约 150 米的地方设置观景台和观景餐厅，用该项收入填补增加的成本。身处立在丘陵的塔上，能将市区一览无余，电视塔吸引了大量游客，1957 年，刚建成不久就有 93 万人次到访。

钢筋混凝土电视塔的推广

以斯图加特电视塔为开端，具备观景功能的钢混结构电视塔从西德流行起来，逐渐成为西欧各城市电视塔的主流样式。从多特蒙德（弗洛里安塔，220 米，1958 年），到维也纳（多瑙河塔，252 米，1964 年），再到汉堡（海因里希赫兹电视塔，280 米，1968 年），高度逐年刷新。旋转式观景餐厅首次被引入弗洛里安塔，观景餐厅的旋转使边吃饭边全方位欣赏美景成为现实，被后来很多塔楼采用。

当时，多数塔楼和市中心都有一定距离，因为在市中心难以找到建塔用地。还有许多塔楼的设计方案因会影响历史景观而被否定。可以说，西欧的电视塔代替了市政厅和教堂等象征物，成为耸立于市中心之外的另一种地标性建筑。

社会主义国家的塔楼

电视不断普及的时期，正是东西方冷战不断加剧的时期。全世界被冷战气氛笼罩，西方各国和社会主义国家通过播放电视节目宣传民主主义或共产主义意识形态。不仅西欧如此，以苏联为首的社会主义国家也发起了电视塔的建设。

这一时期西欧建造的电视塔最高不到 300 米，而社会主义国家建造了多座巨型塔楼，首当其冲的就是 537 米高的奥斯坦金诺电视塔，还有 385 米高的基辅塔、365 米高的柏林电视塔等等，其高度的含义不仅限于发射电波。

莫斯科奥斯坦金诺电视塔

建在苏联首都莫斯科北部郊区的奥斯坦金诺电视塔，是社会主义国家最有代表性的电视塔。这座塔建成于 1967 年，高达 537 米（现为 540 米），建成前就被冠以"巨人之针"的绰号。它比建于 1958 年的东京塔高出约 200 米，是当时世界上最高的独立建筑。仅塔体就高达 385 米，上面装有 152 米高的天线。

钢混结构的塔体上设有包括旋转餐厅在内的观景台，可以说是借鉴了西欧电视塔的潮流。在设计上，弗瑞兹·莱昂哈特作为顾问参与其中，电梯使用德国制造的产品，但在尺寸上完全压倒了西欧的塔楼。

苏联规划建造如此巨型的电视塔，与 20 世纪 50 年代末的时代背景有关。

当时，美苏将国家威望的赌注压在开发宇宙空间的竞争上。1957 年苏联发射了人造地球卫星 1 号，1961 年又实现了东方 1 号的第一次载人宇宙飞行，1965 年更是成功实现太空漫步，一步一个脚印地进行宇宙开发。另一方面，美国受人造地球卫星 1 号成功发射的刺激，于 1958 年成立 NASA（美国国家航空航天局），开始推进载人登月的阿波罗计划。

苏联在宇宙开发上领先于美国，在建筑上也以超越美国为目标，因此规划了奥斯坦金诺电视塔。塔高超过美国的帝国大厦，甚至高出埃菲尔铁塔 200 米之多。不难想象，当时的苏联对以美国为首的西方各国是高度关注的。

电视塔建成的 1967 年，适逢俄国十月革命 50 周年纪念，红旗高挂于塔顶。可以说，奥斯坦金诺电视塔是关乎苏联和社会主义威望的重大项目。

但在这座塔建成两年后，美国的阿波罗 11 号在月球表面成功着陆，苏联的宇宙开发被死对头美国超越，世界第一的电视塔影响力也相应削弱，但这座塔的规模，依然是当代首屈一指的。

上: 柏林电视塔。摄影: 中井检裕
下左: 奥斯坦金诺电视塔。摄影: aflo.com
下右: 加拿大国家电视塔。摄影: aflo.com

柏林电视塔

奥斯坦金诺电视塔建成两年后的 1969 年，柏林电视塔在东柏林中心的亚历山大广场前建成，其高度为 365 米（现高度为 368 米），当时排在奥斯坦金诺电视塔之后，位居第二，比东京塔高出 32 米。据说设定此高度是有意让西柏林得知这座电视塔的存在。毋庸置疑的是，柏林电视塔的目标就是要超越前面提到的西柏林 150 米高的无线塔。

这座电视塔的设计特点，是有一巨型球体串在钢筋混凝土建成的圆柱上。在距地面约 200 米、直径 32 米的球体中设置了观景台和旋转餐厅，观景台位于球体的下半部分，可以清楚地俯瞰正下方。该球体的形状受到苏联人造卫星 1 号的启发（卫星的直径只有 58 厘米）。球体最终的颜色为金色，但据说原本想使用表现社会主义的红色。柏林电视塔成了宇宙开发时代和社会主义的象征。

西欧多将电视塔建在市中心之外，而柏林电视塔最大的特点，是它建在城市极为重要之处。

按最初的计划，电视塔应建在郊区的穆尔海姆山上，但此处位于附近机场飞机起降的航线上空，于是又提议在市中心的柏林王宫旧址上建设。王宫原本是普鲁士国王的宫殿，1945 年遭联军空袭，1950 年被东德（德意志民主共和国）政府拆除。政府曾经计划在旧址上建造超高层大楼，但是后来计划搁浅。于是决定在这里建造一直未选到理想地址的电视塔。然而事与愿违，地质勘探查明该处地质松软，电视塔最终只得改建在离王宫旧址不远的亚历山大广场前。

北美的塔楼

说到这一时期代表北美的塔楼，首推加拿大的加拿大国家电视塔，它是 1976 年建于安大略湖畔、高 553.3 米的电视塔。建成之时，它超越了奥斯坦金诺电视塔，成为世界最大的独立式塔楼（当时即使将大厦并列入考量范围，这座塔依然是世界第一）。观景台分别设在 350 米和 450 米处，前者超过了东京塔总高，后者则超越了西尔斯大厦总高。

再看北美的其他塔楼，卡尔加里塔（191 米）、美国之塔（190 米）、西雅图的太空针塔（184 米）等观景塔占据了大半，独立式电视塔数量较少。

北美缺少独立式电视塔的原因

北美缺少独立式电视塔，因为只要将天线安装在主要城市的超高层建筑上，便可使其具备电视塔的功能，无须再建独立式电视塔。

然而，在超高层建筑上安装天线，有时也会引来意想不到的批评。

1953 年，帝国大厦的尖塔上安装了高约 61 米的天线，增加了电视塔的功能。世界贸易中心开建后，发现有些区域电波无法传输，于是计划在北楼上安装高 100 多米的天线。

然而，设计师山崎实却反对安装天线。他认为，如果只在一座楼上竖起天线，会破坏双子塔的对称美，把它变成"丑陋的独角兽"（饭塚真纪子，《创造 9·11 目标建筑物的男人》）。被世界贸易中心夺走电波发射功能的帝国大厦不惜以诉讼的方式提出反对。最终还是于 1978 年在北楼安装了天线，使大楼最顶端延伸至 526 米。

超过世界贸易中心跃居世界第一高的芝加哥西尔斯大厦最初也没有天线，1982 年安装了两组天线，总高度达到 519 米。2000 年又将其中一组延长，总高度达到 527 米，超过了世界贸易中心北楼的高度。

北美缺少独立式电视塔，还因为独立式并非唯一选择，也可以采用拉线式结构。

城市外围建造了很多非独立式的拉线式电视塔，所谓拉线式，即用绳索拉住塔的四周从而将塔固定住的结构。这种拉紧绳索的方式需要很大的建筑面积，但由于周围土地充裕，不会对建设造成影响。在几乎杳无人烟的城市外部，也不必像西欧那样顾忌对景观的影响，自然会选择建设成本较低的拉线式结构。

弗兰克·劳埃德·赖特的梦幻塔

除了帝国大厦和西尔斯大厦，还有一座装有电视天线的超高层建筑引起人们的关注，那就是弗兰克·劳埃德·赖特 1956 年公布建设方案的伊利诺伊大厦。计划建设的超高层大厦高 1 英里（约 1.6 千米），共 528 层，最终未能实现。它的高度超过了当时以世界第一高度自居的帝国大厦的 3 倍。

这一规划最初作为芝加哥电视塔项目委托给赖特，但他认为只建电视塔过于浪费，梦想将其建成 1 英里高的摩天大楼。以帝国大厦等例子来看，具备电波发射功能的超高层大厦的构想合情合理，但超出标准规模的伊利诺伊大厦缺乏可行性，毕竟其总使用面积达到了 171.5 万平方米（约为世界贸易中心整体的两倍）。为妥善安排 13 万使用者，要配备 76 部电梯，其中 5 部是以核动力运转、分速达 1 英里（时速 97 千米）的高速电梯（约是配备在克莱斯勒大厦的电梯速度的 5 倍），还规划了可容纳 1.5 万辆机动车的停车场和可供 150 架直升机起降的停机坪。

可以说，赖特构想了一座城市般的摩天大楼。

赖特规划伊利诺伊大厦，与他对芝加哥被埋没于高层大厦之中的现状不满不无关系。之前他就说过："高层建筑所在之处，原本应有美丽广阔的田园风光。"（奥尔基维娜·劳埃德·赖特，《赖特的一生》）赖特想将芝加哥所有的办公室整合到一座巨型大厦中，找回丰富多彩的城市。伊利诺伊大厦，就是赖特心中描绘的摩天大楼的完美画像。

规划书中的设计图上，留有摩天大楼奠基人员的名字，其中对摩天大楼的鼻祖之一、赖特的老师路易斯·沙利文附有这样的文字描述——"第一个建造高层大厦的人"。对将电梯实用化的伊莱沙·格雷夫斯·奥的斯,则描述为"将大街竖起来的发明家"（布兰登·吉尔，《赖特：面具人生》）。或许，赖特想把这一规划当作摩天大楼发展史上的一个界标，奉献给前辈们。

赖特说："或许现在谁都不相信能建成这样一座大楼，但在不远的将来，大家一定会充满信心。"（二川幸夫等，《弗兰克·劳埃德·赖特全集第 11 卷》）可见，当时赖特本人也不认为马上就能梦想成真。

伊利诺伊大厦的建设方案公布半个世纪后的今天，高度超过 800 米（0.5 英里）的哈利法塔（迪拜）已经落成,1 千多米高的帝王塔（沙特阿拉伯）也正在规划中，超过 1 英里的超高层建筑正逐渐变为现实。

日本的塔楼热——20世纪50至60年代

日本为配合 1953 年电视节目的开播，也开始建设电视塔。

与同期欧洲的电视塔相比，日本的塔楼有两个特点。首先是塔楼的结构，其次是选定的场所。欧洲的塔楼主要以钢筋混凝土建造，日本的塔楼则以钢铁架构为主。此外，日本的电视塔和后面将要阐述的观景塔都是立于城市中心重要位置的地标性建筑，而欧洲的塔楼多建在城市中心区之外。

也有人认为，日本的塔楼首先要适应播放电视的要求；在此基础上，又担当了城市象征和战后复兴纪念物的角色。

东京的三座电视塔

谈及日本的电视塔，最具代表性的当属 1958 年建成的东京塔，而电视塔的建设，可追溯到开始播放电视节目的 1953 年。

NHK、日本电视播放网分别于同年 2 月和 8 月开始播放节目，刚开始时，NHK 并没有自己专用的电视塔，通过附属千代田区内幸町东京播放会馆的天线发射信号。日本电视台则在同一区的二番町建起一座高 154 米的电视塔，这座电视塔是当时日本铁塔中最高的，但节目播出 3 个月后，就被 NHK 建在纪尾井町的 178 米高的铁塔反超。

日本电视台的电视塔在距离地面 74 米处设有观景台，当时日本最高的非塔楼建筑是国会议事堂，该观景台的高度超过国会大厦约 8 米。电视塔的构思灵感源自发明街头电视屏幕的社长正力松太郎。1954 年，东京广播（现东京广播公司）在赤坂建成 173 米高的电视塔，1955 年4 月开始播放电视节目。

也有不少人反对这种无序的建塔乱象，认为几家电视台共用 1 座塔完全能够满足需求，建造 3 座不仅是一种浪费，观众选台时还不得不调整天线的方向。日本电视台曾邀请 NHK 和东京广播共用自家电视塔，但这两家都拒绝了。于是，半径 1 公里的范围内陆续建起 3 座 150 多米高的塔。

日本最早的集约电视塔——名古屋电视塔

相比东京这种反面教材，名古屋则将信号发射集中于 1 座电视塔。它于 1954 年建成，由 NHK 和中部日本广播共同使用，也是日本最早的集约电视塔。

名古屋电视塔社长神野金之助曾含蓄地批评东京的同行："放任自流、我行我素，必须得建两座相同的电视塔，真是愚蠢之举。"（渡部茂，《20 世纪 50 年代的人物风景·第 3 部》，神野金之助 "名古屋电视塔建成之前"）名古屋电视塔吸取东京三家电视台各自为政、竞相建塔的教训，是爱知县、名古屋市及当地经济界动员两家电视台共同完成的官民协作项目。

塔高 180 米（塔身 135 米），不仅是日本最高的铁塔，还被誉为 "东洋第一电视塔"。仅用作电视塔未免有些浪费，于是参照埃菲尔铁塔和西柏林无线塔的做法，在 90 米高处设置了观景台。

电视塔选在适合建设城市新地标建筑的地方建造。二战中遭破坏的名古屋制定的灾后重建方案以两条 100 米宽的道路为核心，分别是东西方向的若宫大街和南北方向的久屋大街，电视塔建在久屋大街中央绿化带（后改造成久屋大街公园）上，取代被烧毁的名古屋城，成为复兴的象征（名古屋城天守阁于 1959 年得到重建）。

为不遮挡视线，名古屋电视塔的电梯井并未延伸到地下。政府还颁布规定，限制在塔身悬挂广告。从各方面保证建设的观景功能，可以说是这座塔的特点之一。

东京塔与正力塔的构想

1957 年竣工的札幌电视塔（高 147 米）、1958 年建成的东京塔（高 333 米）延续了集约电视塔的潮流。

建设东京塔和电视台的增加有关，除原有的 3 座电视塔外，富士电视台、NET（现朝日电视台）也开始申办建塔许可，照此趋势，市中心可能出现 5 塔林立的奇观。

邮政省（现总务省）认为有必要集中使用一座电视塔，于是筹划建设能向关东一带发送信号的集约电视塔，电波监督管理局局长浜田成德负责主要工作。东京塔的规划确定之前，浜田已在报纸上发布过集约电视塔的方案。据他本人回忆，该方案欲将各台的信号集中于一座电视塔发送，"在皇宫最高处，即今天的北丸公园一带建一座高 500 米左右的铁塔，塔身适当高处设置观景台供游人观光。同时铺设单轨铁路，将此处和羽田国际机场连接起来"（前田久吉传编纂委员会编，《前田久吉传》）。关注此事的产经新闻社社长前田久吉被选为这一项目的负责人之一。虽然该方案最终未能实现，但前田久吉向邮政省提出了在芝公园内建造"世界第一集约电视塔"的方案，并将方案确定下来。

1957 年，前田组建日本电视塔株式会社，将塔的设计工作委托给结构工程师内藤多仲。内藤曾参与 NHK 电视塔的设计，还亲手设计过名古屋电视塔、札幌电视塔及后面将要谈到的大阪通天阁，是被誉为"塔博士"的结构设计第一人。

至于东京塔为何高达 333 米，前田的解释是："既然建就要建世界第一……不超越埃菲尔铁塔就毫无意义。"（前田久吉，《东京塔传奇》）最初讨论的塔高是 380 米，并非剑指世界第一高度，而是为了让电波传送到整个关东地区，从技术角度考虑必须保证一定的高度。后来由于担心天线晃动幅度过大，将高度调整为 333 米。内藤还研究过前面提到的以斯图加特为代表的欧洲钢筋混凝土塔楼，由于重量过大和

左: 名古屋电视塔。摄影: 著者　右: 东京塔。摄影: 著者

抗震基础设计困难而放弃。顺便一提，日本最早的钢混结构信号塔是
1921 年建成的原町无线塔 (磐城无线电信局原町发报所)，高约 201 米，
是东京塔建成之前以日本第一高度而自豪的独立式信号塔 (因过于破
旧，于 1982 年拆除)。

　　开工约 1 年零 3 个月后的 1958 年 12 月，棱锥体铁塔——东京塔
在芝公园一角建成。相比名古屋和札幌电视塔观景台的高度 (分别
为 90 米和 91 米)，东京塔的两层观景台分别建在地上高度 120.5 米和
125.2 米处，1967 年又将 223.9 米处的工作台改造为特殊观景台向公众
开放。这一改造的背景，与当时建设中的霞关大厦有关。得知霞关大
厦的"观景回廊"将设在顶层 (36 层)，其高度会超过东京塔观景台，
东京塔新开设特殊观景台，保住了日本第一观景台的宝座。

　　在拥有电视塔的 3 家电视台中，NHK 和东京广播将发射台移至东
京塔，只有日本电视台拒绝搬迁。日本电视台社长正力松太郎抱怨道: "在
自己家住得好好的，为什么要搬到大杂院里去？"(针木康雄，"世界
第一的'正力塔'面临的社会压力"，《财界》16 期，1968 年 9 月 1 日
号) 由于上述两家电视台曾拒绝共同使用日本电视发射塔的提议，倡
导建设东京塔的《产经新闻》又是自己主政的《读卖新闻》的竞争对手，
对正力松太郎而言，将日本电视台搬到东京塔在情感上着实难以接受。

日本电视台继续使用自己的电视塔。为解决城市建筑向高层发展带来的信号干扰，1968 年 5 月（霞关大厦建成次月），日本电视台公布高 550 米的"正力塔"建设方案。1969 年 3 月，NHK 也表示今后的大众广播将不再继续租用私营的东京塔，公布了高 600 米的电视塔建设计划。这也成了 NHK 和日本电视台新争端的导火索。

这一年正力松太郎去世，正力塔规划也因此无疾而终。

另一方面，NHK 细化了建在代代木公园、高 610 米的电视塔规划，由武藤清带领的武藤结构力学研究所负责结构设计，建筑师三上祐三担任艺术设计。

三上祐三曾是建筑师约恩·乌松和工程师奥雅纳的助手，参与悉尼歌剧院的设计工作，当时是刚刚回国的青年建筑师。这座塔若能建成，将超越奥斯坦金诺电视塔成为世界上最高的电视塔，但该规划最终也胎死腹中。

从电视节目开播到建设东京塔，后又出现高达 600 米的电视塔计划。这个转变过程不难看出，塔楼在这一时期成了媒体之间相互争夺主导权的一种工具。

通天阁

1955 年到 1965 年，日本除电视塔外还建造了许多以观光为目的的专用观景塔。这些塔的高度在 100 米上下，均不及东京塔。但从大阪的通天阁开始，横滨海洋塔、神户塔、京都塔都逐渐成了各城市的标志。接下来，我们就去了解一下这些观景塔。

首先是通天阁。1945 年到 1955 年，日本处在二战后的资源匮乏时期，但正如 1956 年度的经济白皮书（年度经济报告）所言："如今已经不是'战后'了。"那时，资源不足的状况基本得到缓解，有条件建造以观光为目的的观景塔。大阪的通天阁，就是在经济白皮书发表当年建成的。

这座通天阁实际上是第二代,第一代是 1912 年竣工、高 250 尺(约 76 米)的塔楼,1943 年被大火烧毁。受 1954 年建成的名古屋电视塔的影响,在当地重建象征大阪新世界的通天阁的呼声应运而生。1955 年,以当地镇议会为中心的通天阁观光株式会社成立,通天阁由当地出资建设。和名古屋电视塔一样,通天阁的重建也是二战后复兴的象征。

通天阁是一座总高度 103 米的塔楼,其构造是在四方形建筑物上竖立八角形铁塔,并在铁塔顶部两层设置观景台。由于不是电视塔,所以没有安装天线。设计师内藤多仲曾说:"从位置考虑,在顶部建宽敞的观景台,会给民众亲近自然的感觉,同时加固了中间较细的部分,此处还能悬挂旗帜或鲤鱼旗。"(《与日本抗震建筑同步》)听说内藤是这样动员投资方的:"老师,这样做比名古屋略高一筹。"(《通天阁 30 年之历程》)但通天阁的高度远不及 180 米的名古屋电视塔,为了至少能从观景台望去的景色更胜一筹,内藤将观景台的屋顶设计为 91 米,比名古屋电视塔的观景台屋顶高 1 米。

塔楼从远处即可看到,成了宣传和广告的理想媒介。通天阁四周悬挂的霓虹灯也是一大特色,和顾及塔楼外观并用法规禁止悬挂广告的名古屋电视塔形成了鲜明的对照。

以景观限制严格著称的巴黎埃菲尔铁塔,也曾在一段时期内成为广告塔。为弥补参观人数逐渐减少导致的收入下降,曾在铁塔上挂过机动车厂商雪铁龙的霓虹灯广告,但那是 20 世纪 20 年代到 1936 年间的事情。

横滨海洋塔

通天阁建成 5 年后的 1961 年,横滨海洋塔在横滨港竣工。1959

上：横滨海洋塔和横滨海关。摄影：讲谈社

中：横滨海洋塔。摄影：著者

下：通天阁。摄影：著者

年横滨港开放港口一百周年之际，决定建设一座能将港口和市区一览无余的、有象征意义的塔楼，它和二战后美军征用的山下公园合为一体，成了横滨港复兴的象征。

横滨海洋塔总高度106米，十边形平面钢筋结构的塔体坐落在4层的圆形建筑上，顶部设有双层观景台。第2层观景台地板高度为91米，超过了通天阁观景台（屋顶高91米）。

由于塔楼还将发挥保障横滨港船舶安全的作用，在101米高处配备了灯塔，将红色和绿色灯光照射在海面上，光线照射距离达到47千米。如今虽已失去灯塔的功能，在当时却是世界上最高的灯塔。然而，我们在第一章提到的亚历山大灯塔比横滨海洋塔还要高大，如此说来，建造于2000年前的那座灯塔，的确是一座难以想象的巨型建筑。

在横滨海洋塔建成之前，横滨港的象征是横滨海关的"王后塔楼"（高51米）、神奈川县政府的"国王塔楼"（高49米）以及横滨市港口开放纪念馆的"杰克塔楼"（高36米），俗称"横滨三塔"。

其中最高的王后塔楼建成于1934年，原规划高度为47米。然而，海关关长金子隆三认为："作为日本主要门户的国际港口——横滨的海关办公楼，理应建得更高。"于是其高度增至 51 米，超过了国王塔楼。

高度两倍于国王塔楼的横滨海洋塔，自然成了新横滨港的象征。1993 年，高 296 米的横滨地标大厦竣工，横滨的地标建筑再度更迭。

表 5-5 日本主要的电视塔和观景台（20 世纪 50 至 60 年代）

建筑名称	所在地	完成时间	高度（含天线，米）	结构	主要用途
日本电视塔※	东京二番町	1953	154	钢骨	发送信号、观光
NHK纪尾井町放送所※	东京纪尾井町	1953	178	钢骨	发送信号
名古屋电视塔	名古屋久屋大通公园	1954	180	钢骨	发送信号、观光
东京广播（今 TBS）电视塔※	东京赤坂	1954	173	钢骨	发送信号
通天阁（第 2 代）	大阪新世界	1956	103	钢骨	观光
东京塔	东京芝公园	1958	333	钢骨	发送信号、观光
横滨海洋塔	横滨山下公园前	1961	106	钢骨	观光、灯塔
神户港塔	神户美利坚公园	1963	103（现为 108）	钢骨	观光
京都塔	京都京都站前	1964	131	单体结构	观光

※ 表示现已不存在

昭和时代的筑城热和重建天守阁

现代社会之前建的塔楼并非电视塔或观景塔，最具代表性的当属天守阁。在明治新政府手中荒废的城郭，以及在第二次世界大战的空袭中烧毁的天守阁并不在少数。

1931 年，为纪念昭和天皇即位，江户时期烧毁的大阪城天守阁得以重建，这是第一座用钢筋混凝土建造的天守阁。

二战后的复兴时期，用钢筋混凝土重建天守阁的潮流涌起。20 世纪 50 至 60 年代，既有建设电视塔和观景塔的热潮，又有筑城的热潮。

重建天守阁成了日本各地复兴城镇的象征。重建后的天守阁不再是原来的木制结构，甚至还增添了原本没有的观景台。此举被认为有悖历史，招致不少非议。但是，复原的天守阁"既能给战败的城下町居民提供精神支柱，又可以作为观光资源创造经济效益"，很受市民和工商界人士的欢迎（木下直之，《我的城下町》）。

表 5-6 昭和年间筑城热中重建的主要天守阁

重建时间	城名
1954（昭和 29 年）	岸和田城
1956（昭和 31 年）	岐阜城
1958（昭和 33 年）	滨松城、和歌山城、广岛城
1959（昭和 34 年）	大垣城、冈崎城、名古屋城、小仓城、热海城※
1960（昭和 35 年）	小田原城、熊本城、岛原城
1961（昭和 36 年）	松前城
1962（昭和 37 年）	岩国城、平户城
1964（昭和 39 年）	中津城
1965（昭和 40 年）	会津若松城（鹤城）
1966（昭和 41 年）	冈山城、福山城、唐津城
1968（昭和 43 年）	大野城
1970（昭和 45 年）	高岛城

※ 热海城不是重建建筑，是新建的
根据平井（2000 年）、木下（2007 年）的数据制表

在欧洲，大教堂这种标志性建筑已成为人们的精神支柱。在日本，担负这项使命的便是耸立于城下町的天守阁。如此说来，与电视塔和观景塔等塔楼热潮同步，在全国范围内重建天守阁，并将其用作观景塔，可以说是大势所趋。

高层建筑普及带来的阴影——20世纪60至70年代

二战后日本经济复苏，对办公和住宅的需求不断增长，推动了大厦向高层发展。电视这一新媒体的诞生，更是带动了电视塔这种新型塔楼的发展。建筑向高层发展是时代的选择。

但另一方面，向高层发展并不一定会给城市带来预期的结果，其负面效应在这一时期也开始显现。20世纪60至70年代，人们不得不开始面对高层建筑的安全性、治安问题，以及与历史景观的冲突等问题。

伦敦高层住宅爆炸事故

随着在高层建筑里生活的人口数量增多，建筑的安全性越发受到重视。下面就以伦敦罗南角公寓爆炸和倒塌事故为例，去看看高层建筑的安全性问题。

20世纪60年代，英国为消灭市区的贫民窟进行城市重新开发，政府兴建高层住宅区以替代先前的住宅。位于伦敦东部的罗南角公寓，就是这一时期建造的高层住宅区。

1968年5月，一座22层的公寓发生爆炸，260名住户中有4人死亡，11人受伤。事件的导火索是大楼的18层发生了煤气爆炸。这座公寓在事发前两个月才刚刚建成。

结构上的缺陷被认为是整栋建筑损毁的原因。煤气爆炸导致墙壁受损，失去支撑的上半部分倒塌，恰如扑克牌堆起的塔楼倾倒一样，下半部分也随之损毁。

英国国内当时约有 600 座相同类型的建筑，事件发生后，向这些建筑供应的煤气全部被中断，预制施工方法的技术标准也进一步提高。

事故发生后不到一年，为防止再次损毁，使用加强材料对罗南角公寓进行重建。然而，墙体还是在 1984 年出现龟裂，1986 年最终被拆毁，改建成低矮的双层公寓。

罗南角公寓事故，验证了人们对高层住宅的猜疑和担忧。英国政府不得不改变政策，将住宅区建设由高层转向低层。

圣路易斯市高层住宅爆破拆除之前

这一时期，高层住宅和治安问题的关系也开始成为话题。

美国为解决二战后人口增长带来的居住环境恶化以及退伍士兵住房紧张等问题，重新开发城市，消除贫民窟，大力推动低价租用房的供给。1956 年，圣路易斯市建成了普鲁伊特·艾格住宅区。

住宅区的设计师是曾经设计过世界贸易中心的山崎实。最初他向圣路易斯市提议，在 23 万平方米的用地上建造 8 层的高层公寓群，并在楼宇间建造花园。向高层发展的同时，将建筑密度控制在 5% 至 10% 之间，以降低居住密度，为住户营造可随意利用的室外空间。

然而，市政当局认为该提议"不一定优于普通住宅"，将其置于一旁。山崎实计划每公顷安放 75 户居民，当局要求达到其 1.7 倍左右，即 125 户。山崎实一度拒绝接受要求，最终还是建成了有 33 座 11 层高层住宅的大型住宅区（共计 2764 户，每公顷约 120 户）。根据法律规定，政府建造的住宅高度一律定为 11 层，该住宅区即是这一规定的产物。

其实，市政当局要求的"每公顷 125 户"并非极端的高密度。

普鲁伊特·艾格社区的问题，出现在山崎实意料之外的地方。

首先是设备问题。为降低成本，社区使用劣质的锁具、门拉手及电梯，导致后患无穷，不少设备刚开始使用就损坏了。其次，维修保养也不完善，脱落的墙漆得不到维修，无法启动的换气扇和脱落的纱窗也无人理会。

还有建筑用地规划存在的问题。从外部的开放空间可以直接进入每座建筑，任何人都能轻易入侵建筑内部。

再加上住户以低收入阶层为中心、失业率上升等因素，住宅区成了犯罪的温床，抢劫、杀人等事件泛滥成灾。治安恶化导致破坏行为频发，住宅区越发荒芜。

到了住宅区建成约 10 年后的 1965 年，小区住户中的失业人员达到 38%。1969 年发生了持续 9 个月的拒付房租运动，34 部电梯中有 28 部（80% 以上）停止运行，住宅区内部环境进一步恶化，以致恶性循环。1970 年，住宅空置率超过 65%，两年后的 1972 年上升至 75%，约有 2000 户人去楼空。当时，这种高层住宅区的空置率多在 30% 至 40%，普鲁伊特·艾格住宅区环境恶化明显，陷入无药可医的困境。

1972 年 3 月，建成仅仅 16 年后，市政当局将住宅区爆破拆除，美国其他城市也拆除了同类住宅区。以消除贫民窟为目的重新开发的方式讽刺地衍生了新的贫民窟，还被揶揄为"政府建造的贫民窟"。其中极具代表性的普鲁伊特·艾格住宅区被看作现代城市规划和公共住宅政策失败的典型案例，建筑评论家查尔斯·詹克斯将之称为"现代主义建筑之死"（《后现代建筑语言》）。

巧的是，普鲁伊特·艾格住宅区被爆破拆除之年，恰是同样由山崎实设计的世界贸易中心北楼建成的那一年。大约 30 年后的 2001 年，世贸中心遭恐怖袭击而倒塌。经山崎实之手设计的高层建筑，最终都以倒塌的方式象征了时代的转折。

对于住宅区治安问题，建筑师、城市规划专家奥斯卡·纽曼指出，建筑高度的提升加速了治安的恶化。他分析了纽约100座住宅区的犯罪发生率，推演出犯罪率与建筑高度的关系。

纽曼指出，以楼层数观察每1000人中的恶性犯罪发生率，3层建筑平均为9起，6至7层为12起，13层以上约为20起，层数的增加伴随着犯罪率的提高。犯罪场所以电梯内居多，高层建筑存在很多人眼看不到的死角，犯罪率居高不下。

当然，治安恶化不能只归咎于建筑的高度。还有劣质的设备、建筑用地规划不当、住户构成等各种错综复杂的原因。经历了前面提到的罗南点式公寓爆炸事故和普鲁伊特·艾格住宅区被爆破拆除等事件，20世纪60至70年代，欧美国家的高层住宅住户开始出现不安情绪。

巴黎的超高层大厦与历史景观

建筑向高层发展也给城市景观造成了很大的影响。随着超高层大厦的普及，具有深厚历史底蕴的街区景色急剧变化，向高层发展的模式也成了批评的对象。城市发展中培育的物理和时间上的历史传承被斩断，必然会引起强烈的反弹。

大改造后的街道在严格的高度限制下得到完整的保留，但向超高层发展的浪潮还是波及到了这座历史悠久的城市。

在1967年放宽高度限制的背景下，超高层建筑的建设逐步展开。1973年，高209米、59层的蒙帕纳斯大楼建成。在1990年法兰克福商品交易会大厦建成之前，它都是傲然耸立于西欧的最高建筑。

蒙帕纳斯大楼位于市区南部，这里的街巷曾经吸引过毕加索、高更、马蒂斯、莫蒂里安尼、藤田嗣治等艺术家，以及海明威、亨利·米勒、弗朗西斯·斯科特·基·茨杰拉德等作家，街头一角的咖啡店成了他们聚集的地方。剧院、舞厅和电影院散布四周，象征着繁荣时期的巴黎

普鲁伊特·艾格大厦被爆破拆除。（1972）引自：
彼得·霍尔，《明日之城》（2002），布莱克威尔
出版公司，p.257

文化。蒙帕纳斯这座超高层大楼，与历史的记忆形成了鲜明的对比。

　　蒙帕纳斯大楼的建设，可追溯到 1950 年制定的重新开发蒙帕纳斯
火车站周边的规划。当时决定将蒙帕纳斯火车站和位于其南端的梅努火
车站合并，在其旧址上建造蒙帕纳斯大楼。1968 年，经文化部长安德
烈·马尔罗同意，第二年又经乔治·蓬皮杜总统批准，建设工程得以展开。

　　马尔罗是法国著名文学奖项龚古尔文学奖的获奖作家，以制定《马
尔罗法案》（1962 年 8 月 4 日制定，完善有关法国历史及美学遗产保
护法律，意在促进修复房地产）闻名。《马尔罗法案》不仅要保护具
有历史意义的建筑，还将其周围的历史街区和环境都纳入保护范围。
同一时期，马尔罗还号召人们冲洗被煤烟等物质污染的市内建筑外墙。
历史城市巴黎的容貌至今依然能完好地展现在世人面前，马尔罗功不
可没。

　　马尔罗为保存巴黎历史环境可谓倾尽全力，但他也同意重建规划。
可见当时，向高层发展的潮流已成为一种不可逆的力量。

　　市民颇为反感蒙帕纳斯大楼。1977 年就任巴黎市长的雅克·希拉
克（后任法国总统）就曾宣布："巴黎已不需要超高层大厦。"（奥古斯
丁·伯克编，《日本的住宅和地方特性》，鸟海基树"为恢复住宅的地

蒙帕纳斯大楼。摄影：讲谈社

方特性和持久性,应怎样进行城市设计")超高层大厦被认为有损巴黎传统的城市景观，于是，巴黎再度加强了限制。

相对于高层大厦带来的"城市新形象"，巴黎人对 19 世纪以前古老而优雅的城市情有独钟。由于巴黎市内实施最高不得超过 37 米的限制（重新开发区域），无法再建超高层大厦，于是像拉德芳斯地区那样，高层建筑被限定在巴黎近郊的新市区。

京都的景观和京都塔

在本章的最后，让我们看几个与日本建筑高层化以及景观冲突相关的问题。

首先是围绕 1964 年建在京都火车站旁边的京都塔（131 米）发生的审美之争。

这项规划要追溯到 20 世纪 50 年代末。最初并没有建塔的打算，只准备在火车站前的京都中央邮政局旧址上建一座高 31 米的观光中心和酒店。后来，受横滨海洋塔落成的影响，运作此事的公司高层产生了建塔的想法，将规划变更为"在 31 米高的建筑上建造 100 米高的塔楼"。

支撑塔楼的部分是容积率超过 1000% 的建筑，属于典型的 31 米高度限制内的高层大厦。"塔楼在京都的大门口，其形状必须优美"，投资方向设计师提出了这样的期望（株式会社京都产业观光中心社史出版发行委员会，《京都塔的十年历程》）。

于是，担任艺术设计的建筑师山田守没有像东京塔、名古屋电视塔和横滨海洋塔等建筑那样，将京都塔的钢结构暴露在外，他提交了

左: 京都塔。摄影: 讲谈社　**右:** 东寺五重塔和京都塔。摄影: 著者

一份用钢板包裹、白壁圆筒形状的塔楼设计方案。按照航空法规定，塔身要用柠檬色和白色交替涂抹成带状，但以"和自然风景等事物不匹配"为由，同航空当局进行了多次交涉。最终双方各自让步，京都塔建成后将在白天打开障碍标识灯，并将部分区域涂成红色，其白色基调的塔身获得了当局批准（前面说到的斯图加特电视塔，也在配色上做了处理）。

尽管建设时已尽量避免塔楼对京都自然美的影响，反对意见依然不绝于耳。1964 年 4 月，京都外国语大学教授、旅居京都长达 25 年的法国人让·皮埃尔·奥修科尔努向京都市长提交了停止建设的意见书，此后，反对的呼声音便此起彼伏。

建筑学家、建筑师西山卯三等人成立的"关爱京都会"向运作此事的公司提了停止建设的倡议书，还公开呼吁:"建设高 131 米的塔楼，是对京都城市格调的亵渎，是对安闲的近现代文化的粗暴践踏"。这些呼声被刊登在面向全国发行的报纸社论和建筑杂志等媒体上，还有很多团体也发起内容相近的倡议和呼吁。

关爱京都会将倡议书分别寄给文化界、工商界、艺术家、建筑家等专家以及媒体机构，征集签名。作家谷崎润一郎签名时附带评论道:"本人极力反对修建塔楼，那样的愚蠢之举无异于是对京都的玷污。"

（关爱京都会，《对古都的破坏》）

表 5-7 建设京都塔的主要反对者

文学界
石川淳、井伏鳟二、江户川乱步、大冈升平、大佛次郎、龟井胜一郎、川端康成、北杜夫、西条八十、志贺直哉、狮子文六、司马辽太郎、涩泽秀雄、白洲正子、濑户内晴美（现寂听）、高见顺、谷崎润一郎、福田恒存、堀田善卫、吉田健一等
电影、戏剧、摄影界
大岛渚、衣笠贞之助、木下惠介、土门拳、山崎正和、山本嘉次郎等
建筑界
芦原义信、大高正人、大谷幸夫、菊竹清训、岸田日出刀、坂仓准三、清家清、高山英华、丹下健三、堀口舍己、前川国男、宫内嘉久（建筑评论家）、吉阪隆正、吉田五十八、吉村顺三等
学术界
安倍能成（学习院院长）、末川博（立命馆大学校长）、梅棹忠夫、都留重人、新村出（京都市名誉市民）等
经济界
芦原义重（关西电力公司社长）、佐治敬三（三得利公司社长）等

引自：关爱京都会（1964）

　　值得注意的是，前川国男、坂仓准三、丹下健三等著名现代主义建筑师也不约而同地签上了自己的名字。安托宁·雷蒙德（在弗兰克·劳埃德·赖特手下参与设计帝国饭店的现代主义建筑师）在交给日本建筑师协会会长的抗议书中写道："今天的京都不仅是日本的京都，也是全世界的京都。"他从京都地位的重要性出发，提出反对意见。由此可以看到，打破地域限制、追求普遍意义的现代主义建筑风潮在当时已经面临转折，人们开始寻求以保护地域风情和因地制宜为基点的建筑方针。

　　最终，负责判定京都塔是否可以建设的松嶋吉之助表示："建设符合法律要求，在火车站前建塔楼不会破坏京都原本之美。"

尽管如此，政府还是在 1972 年制定了《京都市区景观条例》（现《市区景观治理条例》），将市内主要地带划为"限制巨型建筑区域"，建筑高度限制在 50 米，禁止再建造京都塔那样的巨型建筑。也就是说，市政当局将东寺五重塔（约 55 米）和东山等山脉当成了京都市的地标。

围绕东京皇居护城河景观的争论

再举一个东京皇居护城河的例子。

1966 年，即京都塔建成、论战两年后，东京也针对皇居护城河对面的东京海上火灾保险公司（现东京海上日动火灾保险公司）总部大厦旧楼的重建规划展开一场美观之争，史称"丸之内美观论战"。赞成者认为高层大厦象征着新城市之美，而反对者认为高层大厦会破坏丸之内和皇居幽静的景致，两种意见争执不下。总理大臣佐藤荣作认为，在包括皇居的"美观地区"内建造高层大厦之事"总感觉不太令人满意"（参议院预算委员会，1967 年 12 月 19 日）。国会也卷入了争论。

重建前的东京海上大厦旧楼建于大正时期，是一座高约 30 米的建筑，而新规划的东京海上大厦主楼共 30 层，高 127 米（最高 130.8 米），约是旧楼的 4 倍。建筑师前川国男（在京都塔争论中持反对立场的建筑师）负责设计工作，他认为，今后城市中配备休闲广场的高层大厦必不可少，故将用地的三分之二规划为对外开放的空地。如前所述，东京的一部分地区已被划为容积区域，31 米高度限制也已撤销。这也就意味着西格拉姆大厦那样的"公园之塔"型超高层大厦将首次现身东京。

业主东京海上火灾保险公司向东京都提交了建筑确认申请，但迟迟未得到确认。为确保皇居前方的美观，东京都认为新建筑高度应控制在现存的 31 米空间轮廓范围内，并准备着手制定《美观地区条例》。

上：丸之内再开发计划俯瞰图。引自：《丸之内再开发计划》，三菱地所株式会社（1988）同社刊

下：东京海上大厦和丸之内一带的街道。从东京站附近上空拍摄皇居方向（1975年）。摄影：朝日新闻社

丸之内地区主要的土地所有者三菱地所也对此表示赞同，渡边武次郎社长表示"不愿做损害皇居前广场的事情"（村松贞次郎"东京都条例问题之探寻"，《国际建筑》1966年12月号），并认为应将丸之内建筑的大小和高度统一起来。

另一方面，设计师前川国男对东京都的举动提出批评："高度限制对创造力的遏制，意味着对城市发展的遏制。"他阐明超高层大厦的意义："日本的超高层建筑将恢复被现代城市破坏掉的自然风貌，将绿地和阳光归还于民。"（《建筑之前夜》）这一想法与他的老师——勒·柯布西耶的思想如出一辙。

在此，我想简要介绍一下产生美观争论的丸之内地区的城市开发状况。

20世纪50年代后半期，经济快速增长，对办公空间的需求不断增加，东京都内高31米且容积率超过1000%的高层大厦接连拔地而起。但丸之内地区仍有一半以上是明治到大正时期建造的2层和3层大楼，高31米的高层大厦（如丸之内大厦和新丸大厦）只出现在东京站前。不少在东京设有办事处的伦敦和纽约的外资企业，认为由低矮楼房组成的丸之内赤炼瓦街是贫民窟，拒绝进驻。

渡边武次郎对此充满危机感，下决心要重新开发丸之内。

巴黎成了此次重新开发的样板。渡边社长的思路是："让丸之内的大型建筑井然有序地排列起来，保证空间轮廓集中，达到巴黎那样的和谐美，并将之改造成与皇居周围的绿地浑然一体的静谧街道。"（三菱地所株式会社社史编纂室编，《丸之内百年历程》下卷）此处提到的"大型建筑"，指的是遵循当时高度 31 米上限建造的大楼。

1959 年，三菱地所筹划制定了"丸之内综合改造规划"，拓宽了区域内的主要街道——仲通大街，同时开始筹划重建原先那批 31 米高的大楼。

换言之，引发美观争论的 1966 年，丸之内正在对 31 米高的建筑进行重新规划。

如果在 31 米高的建筑构成的街上建设象征新时代的超高层大厦，已有的租赁大楼价值可能受到影响。渡边社长说"商业公司当然会考虑保值"（村松贞次郎，"东京都条例问题之探寻"）。这说明，制定《美观地区条例》除了保持地区美观，更有房地产经营方面的理由。

对房地产企业来说，租赁大楼的保值是生死攸关的大问题。纽约规划世界贸易中心时，以帝国大厦业主为首的房地产商就提出过反对意见。丸之内美观争论背后，同样有房地产经营者推波助澜。

一番波折后，东京海上大厦决定降低高度，美观争论得以平息。虽然原因不明，但据说如果将高度定为 25 层（约 100 米）就能得到建设大臣批准，业主遂决定将高 30 层、127 米的原规划改为 25 层、檐高 99.7 米（最高处 108.1 米），以此标准开工建设。

业主放弃部分高度，如愿得到了当初方案中规划的空地（最初 30 层方案中设定的 919.5% 的容积率最终缩减为 622%，约相当于 1000% 指定容积率的 6 成。与二战前建造的丸之内大厦约 645% 的容积率和纽约利华大厦约 636% 的容积率大体相同）。东京海上火灾保险公司社长山本源左卫门提到："会有很多大厦用地向市民开放，将在丸之内地区营造新的生活空间和休闲场所。"（村松贞次郎，同前报道）理想中的大厦变为现实，最终牺牲了可利用的容积率。与利华大厦一样，只有属于建设方公司的大厦才能做到这一点。山本社长把新大厦交给社会评价，也意在提升企业的形象。

后来，丸之内制定美观条例的行动无疾而终，20 世纪 70 年代，超过 31 米的建筑陆续在此地开工建设。

明治时期，丸之内将伦敦的街道当作样板；在 31 米高度限制下的经济快速增长期，又将巴黎的街道立为标杆。在东京撤销高度限制约 25 年后的 1988 年，高度超过 200 米的大厦群规划，即"丸之内重新开发规划"（俗称"丸之内曼哈顿规划"）公开，参照对象由巴黎变成了纽约。丸之内的变迁，真实地反映了建筑规定对城市容貌的巨大影响。该规划虽然最终未能实现，但进入 90 年代，重整规划还是在丸之内陆续展开。此时，东京海上大厦主楼等有别于"公园之塔"的超高层大厦已悄然兴起。我将在下章详述。

第六章　现代的高层建筑

——20世纪90年代至今

世人都想做第一。没人关心第二个登上珠穆朗玛峰和月球的人，只有第一才会给人留下深刻的记忆。

——迪拜酋长国酋长穆罕默德·本·拉希德·阿勒·马克图姆
2013 年在西方七国首脑会议上的演讲

"一切皆有可能"给伦敦留下了杂乱的空间轮廓。我相信，严格限制新楼的高度有助于远景的宏观协调，从而提升市民的自豪感。

——英国王子查尔斯 2012 年关于高层大厦的演讲

20 世纪 90 年代中期之后诞生的超高层大厦数量达到前所未有之多，且大部分来自亚洲和中东地区经济快速发展的新兴国家。

1998 年，马来西亚吉隆坡建成高 452 米的吉隆坡双子塔，超过了占据世界第一高层建筑宝座 25 年之久的芝加哥西尔斯大厦（现韦莱集团大厦）。2004 年，吉隆坡双子塔又被高 508 米的台北 101 大厦超越。2010 年，迪拜更胜一筹，建成超过台北 101 大厦 300 多米、高达 828 米的哈利法塔。

表 6-1 显示了世界最高的 10 座建筑所在地。1994 年，美国占据了 8 座；2014 年，亚洲有 8 座（其中 2 座属于中东地区），而美国仅有 2 座。在仅仅 20 年的时间里，高层建筑的中心地带已由美国转移至亚洲。

表 6-1 世界高层建筑前 10 位（1994 年末和 2014 年末统计）

1994 年末					
顺序	建筑名称	所在地	完成时间	高度（米）	层数
1	西尔斯大厦（现韦莱集团大厦）	美国芝加哥	1974	442	110
2	世界贸易中心（北楼）	美国纽约	1972	417	110
3	世界贸易中心（南楼）	美国纽约	1973	415	110
4	帝国大厦	美国纽约	1931	381	102
5	中环广场	中国香港	1992	374	78
6	中银大厦	中国香港	1989	367	70
7	怡安中心	美国芝加哥	1973	346	83
8	约翰·汉考克中心	美国芝加哥	1970	344	100
9	克莱斯勒大厦	美国纽约	1930	319	77
10	美国银行广场	美国亚特兰大	1992	317	57

（续表）

2014 年末					
顺序	建筑名称	所在地	完成时间	高度（米）	层数
1	哈利法塔	迪拜	2010	828	163
2	麦加皇家钟楼饭店	沙特麦加	2012	601	120
3	世界贸易中心 1 号大楼	美国纽约	2014	541	94
4	台北 101 大厦	中国台湾	2004	508	101
5	上海环球金融中心	中国上海	2008	492	101
6	环球贸易广场	中国香港	2010	484	108
7	双子塔 1	马来西亚吉隆坡	1998	452	88
8	双子塔 2	马来西亚吉隆坡	1998	452	88
9	紫峰大厦	中国南京	2010	450	66
10	韦莱集团大厦（旧西尔斯大厦）	美国芝加哥	1974	442	110

和经济快速增长时期的日本一样，超高层大厦被当作经济增长的象征和展示国家威望的象征，在亚洲的新兴国家拔地而起。短时期内出现大量超高层大厦，这其中不乏各国政治体制的影响。

中国、新加坡及中东各国成了当今超高层大厦热潮的引领者，而它们并不是传统资本主义国家。为加强人民对国家的关注，自上而下地进行建设。换言之，这些超高层大厦，是国家主导建设的。

20世纪50至70年代的超高层大厦以美国和欧洲已成形市区的建筑为中心，开发这些大厦主要是为了改变落后的城市面貌。

近些年的超高层大厦热潮与经济全球化引发的城市间相互竞争大为不同，已经成为发展经济的催化剂。

这对欧洲也产生了影响，20世纪70年代，向超高层发展的浪潮再次涌入；现如今，欧洲曾因反对向高层发展遭受猛烈抨击。

20世纪90年代后，为加强国际竞争力、复苏经济，积极的放宽限制政策名正言顺地推行下去，超高层大厦的建设活跃起来。

本章将关注这些现代超高层建筑的发展变化。

国际化的超高层建筑

现代超高层大厦建设的引领者并非美国，而是亚洲和中东地区。它被世界主要城市用于争夺金融和经济中心，并被新兴国家当作提高威望的手段。

在亚洲尤其是在中国，超高层大厦的增长势头迅猛。美国遭遇恐怖袭击的2001年，恰是确定举办北京奥林匹克运动会之年；2010年，世界博览会又决定在上海举办。中国的经济增长率连续保持在10%以上，城市开发也如火如荼。

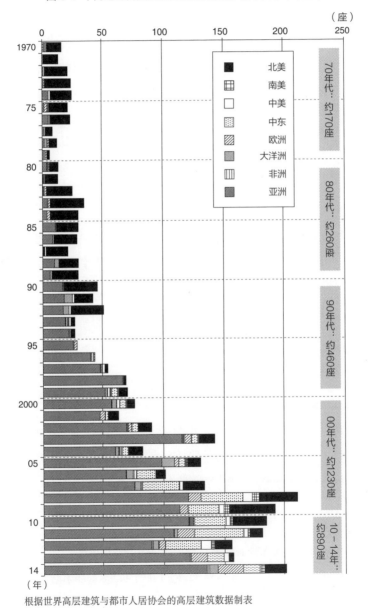

図 6-1 不同地区高层建筑建设数量变化（高 150 米以上）

（座）

北美
南美
中美
中东
欧洲
大洋洲
非洲
亚洲

70年代：约170座
80年代：约260座
90年代：约460座
00年代：约1230座
10～14年：约890座

（年）

根据世界高层建筑与都市人居协会的高层建筑数据制表

215

2004 年后，居高不下的原油价格为中东产油国带来了大量资金，受多起恐怖袭击影响，流向欧美的资金回流到中东地区。房地产开发商吸纳这些资金，以迪拜为中心的高层大厦建设得到快速发展。

从图 6-1 可以看出 1970 年到 2014 年间不同地区 150 米以上的高层建筑数量的变化。图表明确展现了高层大厦的中心由北美至亚洲再到中东的过程。

在 1992 年之前，北美（主要是美国）超高层大厦的数量占据了世界的大半。但从那以后，亚洲（主要是中国）的超高层大厦数量快速增长，北美的占比骤减。2000 年以后，亚洲延续增长态势；2005 年起，中东的增长极为明显。

可以看到，全世界多数超高层建筑都出现在这 20 年。截至 2014 年底，高 150 米以上的高层大厦约有 3200 座，其中约四分之三，即大约 2400 座都建于 1994 年至 2014 年的 20 年间，亚洲（尤其是中国）和中东占据了其中的大半。

亚洲世界第一高度的刷新

20 世纪 90 年代后，超高层大厦的中心地带转移到亚洲和中东地区，其主要代表是吉隆坡双子塔和台北 101 大厦。下面就让我们去认识一下先后成为"世界最高大厦"的这两座超高层大厦。

吉隆坡双子塔

1998 年，马来西亚首都吉隆坡建成了吉隆坡双子塔。

这座双子塔有 88 层，高 452 米，超过高约 442 米的西尔斯大厦（现韦莱集团大厦）10 米左右，至此，长期由美国占据的世界最高建筑宝座飞越太平洋，来到亚洲。

双子塔由吉隆坡城市中心控股公司建造，公司大股东是马来西亚国有石油企业"马来西亚国家石油公司"。

吉隆坡双子塔。摄影：每日新闻社

在亚洲[①]，马来西亚是继中国、印度尼西亚、印度之后的第四大石油生产国。马来西亚国家石油公司成立于1974年，也就是第一次石油危机后的第二年。

双子塔建设以国有企业为主导，即所谓的国家项目，在马来西亚政府1991年筹划制定的长期经济规划"梦想2020"中也有记载。这一规划由总理马哈蒂尔·宾·穆罕默德提出，意指马来西亚将于2020年进入发达国家行列。1988年至1997年的亚洲金融风暴之前，马来西亚经济保持着每年9%左右的高增长率，吉隆坡双子塔正是这一时期经济增长的象征。

双子塔与伊斯兰教文化

吉隆坡双子塔不只象征令人瞩目的经济增长。

宪法将马来西亚定为伊斯兰教国家，国教是伊斯兰教（但保障个人信仰自由）。"梦想2020"中强调要建设"有特色的发达国家"（鸟居高编，《马哈蒂尔执政的马来西亚》），希望将工业化带来的经济发展和伊斯兰教价值观融为一体。

于是，马来西亚政府要求在国家项目——吉隆坡双子塔的设计上

---

①原文如此，作者并未将中东地区计算在内。

彰显伊斯兰教文化。对此，设计师西萨·佩里建议，将伊斯兰教主题加入到几何学架构和多边形中。同时根据建设方马来西亚国家石油公司的要求，在顶部安装全长 65 米的尖塔。

从双子塔的选址就能理解政府希望强调地域特色文化的想法。塔楼位于吉隆坡市中心，原为英国殖民时期修建的赛马场"雪兰莪跑马场俱乐部"。1896 年刚建成时，这里是上尉以上级别英国军官的业余赛马俱乐部，之后的 90 年里一直用作赛马场。1988 年赛马场搬迁至郊区后，此地被"梦想 2020"规划定为重新开发区域。

马哈蒂尔总理年轻时积极反对英国殖民、倡导独立运动。吉隆坡双子塔或许寄托了他抹去殖民地时期的梦魇、体现国家身份的目的。1999 年 8 月 31 日，吉隆坡双子塔开业仪式顺利举办，这一天恰逢马来西亚的前身——马来亚联邦脱英独立 42 周年。

台北 101 大厦

2004 年 12 月 31 日，台湾地区台北市次中心区域建成了高 508 米的台北 101 大厦，其高度超过吉隆坡双子塔 56 米，成为世界第一。

规划之初，台北 101 大厦被称为"台湾国际金融中心"，是台北市政府和民营企业共同打造的国际金融中心项目。该项目并非一开始就瞄准了世界第一高度，最初预计以 66 层、高 273 米的大厦为中心，在其左右两侧配置 20 层的双子塔。然而预备进驻的企业对这一规划不满，最终方案将 3 座建筑归为 1 座超高层大厦。

当时上海规划建设的上海环球金融中心的高度是 460 米，超过了吉隆坡双子塔，这可能也影响了台北 101 大厦的最终方案。

实现此高度的过程中，经历了意想不到的波折。1999 年 8 月，台湾交通事务主管部门以妨碍距北面 4 千米左右的机场飞机起降为由，对超过 500 米的大厦高度予以投诉。要削减 116.2 米，将大厦高度变

台北 101 大厦。摄影：著者

更为 90 层、391.8 米，才能获得交通事务主管部门的同意。但最后，通过为飞机引入 GPS、改变航线等方法，按规划完成了 508 米高的大厦建设。

该项目意在抢占世界第一，不会轻易降低高度。

摆型防震装置与高速电梯

台北 101 大厦的特点不仅是高，还能灵活运用各种新技术，其中最主要的是摆型防震装置和高速电梯。与几乎无台风和地震的吉隆坡相比，台湾台风很多，地震影响也很大。为应对台风和地震造成的摇摆，采用了调潜质量阻尼器防震装置，即在建筑的顶部安装直径 5.5 米、重 660 吨的铁球，通过铁球的摆动抑制建筑自身的摇摆。

高速电梯每分钟可运行 1010 米（时速 60.6 千米），2014 年以世界最快电梯而自豪，37 秒便可到位于地上 89 层的观景台。在此之前，世界最快的电梯在横滨地标大厦，每分钟可运行 750 米，台北 101 大厦大幅刷新了速度纪录（计划 2015 年竣工[①]的上海中心大厦使用的电梯速度更快，预计每分钟可达 1080 米）。

这台电梯不仅速度极快，还异常平稳，电梯移动时就连立在地板

[①]实际于 2016 年竣工。

上的硬币都不会倒下。此外，由于高速升降时人体会感到气压的变化，这台电梯首次引入气压控制装置。

台北 101 大厦将最新技术和地域特色一同纳入大厦之中，这一点和前面提到的吉隆坡双子塔相同。整座大楼由 8 个单元重叠而成，每个单元又由 8 层八角形的楼层组成，外观上给人"节节攀升的竹节"（李祖原联合建筑师事务所）之感。在汉文化圈中，"八"是吉祥数字，可以说，大厦的设计寓意着永久的繁荣（顺便一提，北京奥林匹克运动会开幕式于 2008 年 8 月 8 日晚 8 时举行）。

次中心区"信义计划区"的历史与台北 101 大厦

台北 101 大厦位于远离市中心的次中心区域，信义计划区。台北市政府等行政机关以及 IBM、微软、花旗银行等众多国外企业在此办公，很多商业设施和娱乐设施落户于此，近期日本的一些百货商店（新光三越、统一阪急）也来此发展。

随着开发的不断深入，信义计划区逐步发展成为繁华的市区。二战前日本殖民统治时期，此处原本是军用基地。战后，蒋介石率领的国民党残部跨海来到台湾，继续将其用作军事基地。之所以命名为"信义计划区"，因为此处曾是机密不可外泄的军事基地。

20 世纪 70 年代开始了土地利用方式转换，1980 年，台裔日本人郭茂林受托制定了信义计划区基本方案（《台北市信义计划城市设计研究》）。在开发霞关大厦期间，郭茂林负责协调开发商、建设公司及设计事务所等相关单位，是一位非常有影响力的建筑师，以第一批力挺日本高层摩天楼建设而知名。其过往业绩得到认可，于是台北市邀请他制定台湾新城市中心基本方案，该方案后来成了台北曼哈顿规划得以延续的基础。

中国的超高层大厦

进入 20 世纪 90 年代，亚洲成了超高层大厦的中心地区，其中大部分建筑出现在中国。对比不同国家超高层大厦的数量可以看出，中国约占总数的六成（59.5%），其中香港地区占三分之一。

经济增长

1996 年之后，中国 150 米以上的超高层大厦数量剧增，显著的经济增长为其原因。中国的年经济增长率保持在 10% 左右，2010 年

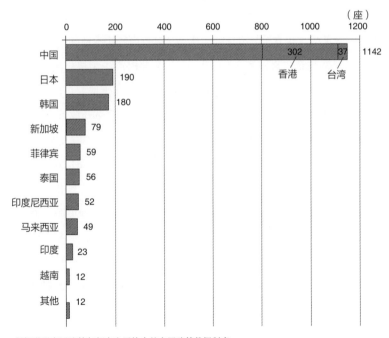

图 6-2 亚洲各国家、地区的高层建筑数量
（截至 2014 年末高度超过 150 米以上的建筑）

根据世界高层建筑与都市人居协会的高层建筑数据制表

左: 浦东新区的空间轮廓。摄影: 余亮　右: 外滩的空间轮廓。摄影: 余亮

GDP 总量超过日本，成为世界第二的经济大国。1987 年城市居民只有 18%，现已超过 50%，每年有 2000 多万人进城务工，100 万以上人口的城市增加到 170 多个（在日本，包括东京特别区在内，只有 12 个城市人口在 100 万以上）。迅猛的城市化进程推动着城市基础设施、办公、住宅及工厂的开发，超高层大厦的建设也越发活跃。

1996 年以来高层大厦剧增的原因，与 20 世纪 90 年代初期中国城市开发政策的变化有关，变化的实质是"可自由转让土地使用权"。

中国是社会主义国家，"土地"属于公共财产。宪法规定"城市的土地归国家所有，国家所有制以外的农村和城郊土地归集体所有"。然而，1978 年 12 月邓小平执政后，中国开始了"改革开放"，在保持社会主义体制的前提下引入市场经济。

1980 年，广东省的深圳、珠海、汕头市以及福建省厦门市被指定为经济特区。为加快外资引进，政府出台各种优惠措施，高层大厦的建设也突飞猛进。后来，以 1987 年在深圳经济特区实行的国有土地使用权转让为开端，1988 年对宪法进行了修订，加入"可有偿转让使用权"的条文。1989 年后，在邓小平的指导下，以上海为首的大城市开发活动轰轰烈烈地开展起来。在保证"土地公有"的前提下，土地使用权的交易成了吸引国外企业进驻的方式。

由于使用权的转让由地方政府控制，土地出让收益成了地方政府重要的收入来源。在此收益的基础上，还可增加各类进驻企业带来的税收。因此，地方政府大力推动房地产开发，高层大厦的开发在其中占据了重要位置。身为城市象征的高层大厦，带动了周边土地使用权交易价格的上涨。

2009 年，地方政府的财政收入达到 3.3 万亿元，其中 1.4 万亿元的收入来自土地使用权的转让。这意味着一般收入的四成来自房地产（柴田聪等著，《中国共产党的经济政策》），可以说，出让土地使用权成了地方政府增加财政收入的主要手段。"国家垄断土地资本成了经济飞速发展的支柱"（任哲，《中国的土地政治》）。据说，房地产开发至少创造了 10% 的中国 GDP。

但另一方面，大量征用土地造成了耕地面积的减少，还出现了大量无具体开发愿景的闲置土地。在北京，开发高层大厦使传统的四合院住宅遭到破坏，历史景观消失，我们将在后面阐述这些情况。

国际金融中心——上海浦东新区

上海是中国最大的商业城市，150 米以上超高层建筑的数量在国内仅次于香港（截至 2014 年末共 124 座）。

上海的超高层大厦，主要集中于正在开发的国际金融贸易中心——浦东新区。浦东新区的开发，可追溯至辛亥革命领导人孙中山在《建国方略》中提到的"东方大港"建设，但真正着手实现，却是70 年后的事情。1990 年，上海市政府决定开发浦东，1991 年浦东被确定为享有经济特区优惠措施的地区，轰轰烈烈的开发工作开始进行。1989 年后，中国周边国际环境的恶化和经济低迷等问题开始显露，政府计划进一步深化改革开放，浦东新区成了此轮开发的象征。

浦东新区位于长江支流黄浦江的东侧，原是一片遍布低层住宅的区域。其对岸的浦西地区则是上海的中心地带，从 19 世纪末至 20 世

图 6-3 中国超高层建筑建设数量变化

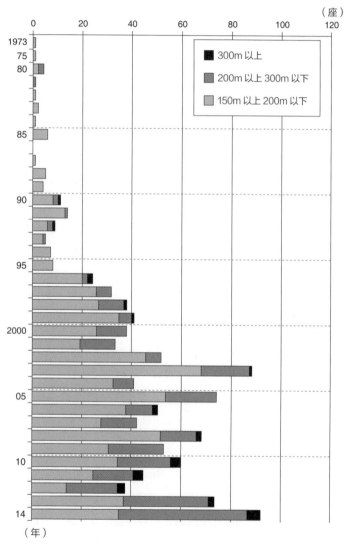

根据世界高层建筑与都市人居协会的高层建筑数据制表（1986 年无数据）

纪初，逐渐发展成以"外滩"闻名的具有历史意义的市区。换言之，黄浦江两侧形成了具有历史意义的市区和超高层大厦相对而立的生动景观（如今，浦西地区在保全具有历史意义的市区的前提下，也在进行超高层大厦的建设）。

在浦东新区的陆家嘴金融贸易区，耸立着东方明珠电视塔（1995年建成，高468米）、金茂大厦（1998年建成，高420.5米）等超高层建筑。

2008年竣工的上海环球金融中心超过了上述建筑的高度。1993年，政府决定开发浦东新区不久，以日本森大厦为中心的企业集团开始实施这一项目。当时，日本由于泡沫经济崩溃导致地价持续下跌，森大厦将上海选为新的投资方向。但1997年刚动工不久就爆发了亚洲金融危机，建设方担心上海的办公租赁供应过剩，暂时冻结工程。2001年纽约恐怖袭击事件发生，工程再次中断。

经过大约6年的停工期，2003年项目得以重新开工，但规划发生了较大的变更，最大变更之处是将高度由460米（94层）增至492米（101层）。根据最初的规划，大厦应超过马来西亚的吉隆坡双子塔成为世界第一，但建设过程中得知预定高度将被台北101大厦超越的消息。由于台北101大厦瞄准了上海环球金融中心的高度，建设方想要反超回去。

上海环球金融大厦的最终高度是492米，与508米高的台北101大厦尚差16米。但101大厦的高度包含了尖塔（约70米），若论建筑本身高度，上海环球金融中心确为当时的世界第一。

在相邻地段，比上海环球金融中心高出140米的大厦已在建设当中，那就是高632米，地上部分共128层的上海中心大厦。

上海中心大厦的竣工，也大致上勾画出了浦东新区的空间轮廓。

北京新貌

中国首都北京，也是建筑向高层发展的趋势非常明显的城市之一，150 米以上的超高层建筑数量约是上海的五分之一（2014 年 150 米以上的建筑有 23 座，其中 200 米以上的有 7 座），造成这一差距的主要原因之一是超高层建筑被限定在某些区域内。

北京 CBD 街景。摄影：王蕊佳

如今，大部分已建成的 150 米以上的大厦，都将位置选在北京市东部的 CBD 区（面积 3.99 平方千米）。CBD 全称"Central Business District"，即中心商务区。此区域意在开发成为国际金融、贸易、商业及旅游的国际性街区，吸引众多国外企业进驻，2009 年制定了向东侧再追加 3 平方千米的规划。

在 CBD 区的总体规划设计中，计划将高度 100 米以上的超高层建筑建在贯穿南北的东三环路两侧。截至 2014 年，最高建筑为 330 米的中国国际贸易中心大厦，预计将在 2018 年建成 528 米高的"中国尊"。另一方面，CBD 区以内的住宅区高度则被限制在 80 米以下，计划在 CBD 中心建成高峰般的超高层大厦群，高度向周边逐渐推移，形成缓缓展开的原野般的空间轮廓。

这种向高层发展的政策，对市内具有历史意义的街道造成了巨大的影响。过去，名为"胡同"的小巷和四合院等传统居住模式营造出颇具历史意义的京城景观，但城市的重新开发正使其容貌迅速消失。

所谓胡同，指的是宽约 6 步(6 至 7 米)的巷子，始于元朝被称作"大都"时的北京，至今已有700多年的历史。有一种说法是，在蒙古语中，胡同与"井""村落"的字音相同，意思是人们聚集而居。

四合院面朝胡同排列，由围在院子四周的平房建筑构成，是大家庭聚集而居的住宅形式。

> 正房屋脊最高，坐北朝南，住的是一家之主。东西厢房分别住长子和次子等主要家庭成员。南面是厨房、厕所、杂物间，以及用人住的房屋。院子中间无一例外是遮阳用的葡萄架、金鱼缸和石榴树，构成了典型的庭院式生活空间。
>
> ——仓泽进、李国庆，《北京》

如今，同一个大家族共同在四合院生活的情况已属罕见，逐渐演变成几个，甚至十几个家庭混居的模式。此外，在不断的城市开发的影响下，所有地方都在改建老旧的四合院。

常言道"大胡同三百六，小胡同如牛毛"。这句俗语描述的胡同景象正在快速消失。1949年中华人民共和国成立时，旧北京城里有3050条胡同，到2000年已减少一半，仅剩1571条。2001年确定由北京举办奥林匹克运动会后，城市开发极大地改变着首都的面貌，进一步加快了胡同减少的速度（2005年已减至1353条）。

现在，胡同的历史价值和文化价值得到人们的重视，2014年共有25个区域被划定为完整保留地带，但这些区域之外的胡同仍面临着被拆毁的命运。

日常生活中的胡同会逐渐消失，幸存下来的胡同将以旅游景点或文化遗址的形式呈现给世人。

迪拜和沙特阿拉伯的超高层大厦

2005 年之后，超高层大厦的建设热潮席卷了中东的迪拜等地。2000 年，中东地区 150 米以上的建筑只有 10 座，2014 年已发展到了 257 座，翻了 25 倍。

2010 年，高 828 米、大幅刷新世界第一高度的哈利法塔在迪拜建成，而沙特阿拉伯的商业城市吉达，也开始规划高度超过 1 千米的超高层大厦。

石油价格上涨与石油货币

21 世纪前 10 年，高涨的石油价格令中东地区超高层大厦快速增加。20 世纪 90 年代的原油期货价格是每桶 20 多美元，2004 年上升到 40 美元，2006 年为 60 美元，2008 年更是超过了 100 美元。

美元的不确定性（美元贬值）导致投资流向石油和黄金。另一方面，中国和印度等新兴国家对石油的需求增大，所谓的"需求冲击"加快了投机资金进入石油的速度。中国和印度的年经济增长率分别保持在 10% 和 8% 以上，进一步扩大了石油的需求。

尽管中国的主要能源仍以煤炭为主，但对石油的需求有了显著的增加，2002 年之前的年增速在 5% 至 6% 之间，2004 年已增至 16%。到了 2014 年，曾经的石油出口国变成了半数以上需求依赖进口的石油消费国。

新兴国家的需求提高了全球的石油需求，1999 年到 2002 年的石油日产量是 140 万桶，而 2003 年到 2006 年的日产量增加到 490 万桶，是之前的 3.5 倍。石油生产国通过大量的石油出口，赚取了巨额的"石油货币"。2004 年，石油输出国组织年石油收入为 2430 亿美元，2007 年达到 6930 亿美元，2008 年年中预计能达到 12500 亿美元，仅仅 4

图 6-4 中东超高层建筑建设数量变化

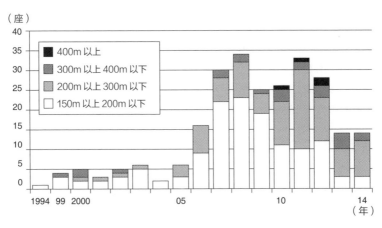

根据世界高层建筑与都市人居协会的高层建筑数据制表

图 6-5 中东主要都市超高层建筑建设数量变化

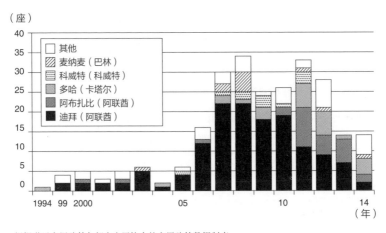

根据世界高层建筑与都市人居协会的高层建筑数据制表

年的时间里增长约 5 倍。

依靠出口石油蓄积的剩余资金会转向投资。20 世纪 70 年代的石油危机时期，大部分石油货币被欧美金融机构吸纳，而到 21 世纪前 10 年，一部分资金回流中东，用于房地产开发和基础设施的建设。由于石油之外的产业尚不发达，石油生产国剩余资金集中流向超高层大厦等与房地产相关的行业。

迪拜的象征——哈利法塔

如今，迪拜是中东地区超高层大厦建设的引领者，以高 828 米的哈利法塔为首，中东约 60%(143 座)高度 150 米以上的大厦集中在迪拜。

上述情况与迪拜所处的特殊环境有关。迪拜是组成阿拉伯联合酋长国的 7 个酋长国之一，是继首都阿布扎比之后的第 2 个酋长国。

然而，阿布扎比的石油资源丰富，迪拜的石油埋藏量仅为其三十分之一。所以，迪拜从很早开始就努力摆脱对石油的依赖。20 世纪 70 年代的第 8 代酋长倾力修建港口、国际枢纽机场，并组建航空公司 (阿联酋航空)，加强对城市基础设施的扩建工作，旨在打造"覆盖中亚至非洲东海岸的物流中心"(前田高行，《阿拉伯大富豪》)。其中，被称作杰贝·阿里自由贸易区的经济特区成功吸引了国外企业的投资 (有 6 千多家企业进驻)，确定了迪拜的发展方向。

2006 年，穆罕默德酋长上任后，更加积极推动房地产的开发，进一步强化了金融和旅游服务部门的职能。不仅免除国外企业 50 年的法人税，还以外国人有获取房地产的资格为条件吸引海外投资，巩固了迪拜国际金融中心的地位。迪拜的房地产业成了中东石油货币回流的蓄水池。

椰子树形状的人工群岛高级度假胜地 (朱美拉棕榈岛、杰贝·阿里棕榈岛、世界之窗)、世界最大的购物中心等巨型设施相继在迪拜开工建设，特别是哈利法塔，成了迪拜的象征。828 米、163 层的高度不仅超过了之前世界第一的台北 101 大厦（508 米），还超越了当时世界最高的独立式电视塔加拿大国家电视塔（553 米）。其高度相当于东京塔与台北 101 大厦相加之和。

哈利法塔。摄影：朝日新闻社

该建筑的名称原本是"迪拜塔"，意指象征迪拜的塔楼。为了使迪拜塔的象征性名副其实，世界第一高度必不可少，设计方 SOM 建筑设计事务所最初提交的 80 层方案没能满足穆罕默德酋长的需求。

穆罕默德这样解释自己对世界第一的执着：

"世人都想做第一。没人关心第二个登上珠穆朗玛峰和月球的人，只有第一才会给人留下深刻的记忆。"

经过重新研究，决定将其建成 163 层、高度超过 800 米（比最初的方案高一倍）的大楼，符合穆罕默德"人类历史上最高建筑"的构想。为防止被其他大厦超越，整个施工过程中，对最终高度严格保密。

然而，大楼建设如火如荼的 2009 年，爆发了所谓的"迪拜危机"，政府企业迪拜世界集团和旗下的纳克希尔房地产开发公司申请延长债务清偿期限，引发信用危机，全球股价急剧下跌。

当年 12 月，阿布扎比等酋长国提供了 100 亿美元的金融援助，迪拜才得以摆脱危机。为向阿联酋总统兼阿布扎比酋长哈利法表达敬意，穆罕默德酋长将迪拜塔改名为"哈利法塔"。

导致此次经济危机的纳克希尔公司为与哈利法塔抗衡，于 2008 年

沙特首都利雅得夜景和王国中心大厦。摄影：朝日新闻

开始建造高度超过 1 千米的高层大厦。但这一计划受迪拜危机影响被迫中断，1 千米以上的大厦建造计划，也从迪拜转移至沙特阿拉伯继续推进。

沙特阿拉伯高 1 千米以上的大厦

2008 年 10 月，沙特阿拉伯王子阿尔瓦利德宣布要在西部商业城市吉达建设高 1 千米以上的超高层大厦王国塔。

王国塔是集酒店、住宅及办公为一体的综合大厦，预计可供 8 万人居住，每天有 25 万人参观，相当于一座城市的规模。一旦建成，上一章提到的、弗兰克·劳埃德·赖特公布的梦幻规划"伊利诺伊大厦"（1956 年）就仿佛成为了现实（不过高度并非 1 英里，而是 1 千米）。与哈利法塔当时的情况相同，为防止其他大厦竞争世界第一，未公布最终高度。

阿尔瓦利德王子是投资公司王国控股的管理者，在美国经济杂志《福布斯》的亿万富翁排名中，以中东地区第一的资产拥有者和实业家而闻名（2014 年排名第 33 位，资产 217 亿美元）。在首都利雅得，阿尔瓦利德王子也正在建设属于旗下公司的超高层大厦，王子的办公室就设在 2002 年建成、高 302 米的王国中心大厦最顶层

（顶部开孔的设计与 2008 年竣工的上海环球金融中心很像）。

对超过王国中心大厦 3 倍的王国塔，阿尔瓦利德王子作了这样的说明："这座大厦象征着沙特阿拉伯的强盛，它在石油输出国组织发挥主导作用，在政治和经济领域也稳固可靠。"（APE 通讯，2011 年 8 月 3 日）世界最大的产油国沙特阿拉伯埋藏着全世界四分之一的原油，运用丰厚的石油货币建设超过迪拜的超高层大厦，意在向国内外传达沙特阿拉伯在中东地区的盟主地位。

欧洲超高层大厦的增加

如前所述，超高层大厦竞争的主要舞台已由之前的美国转移至亚洲和中东，而一贯极力抵制向高层发展的欧洲各大城市，对超高层大厦的渴望也日渐加深。21 世纪，在限制高层大厦的伦敦、巴黎等大城市的中心地带，超高层大厦的建设工程逐渐增多，超高层大厦开始向城市中心回归。

2000 年以来，超高层大厦持续增加

截至 2014 年底，欧洲 150 米以上的超高层建筑共有 146 座，还不如中国的上海和北京加起来多（147 座）。

但进入 21 世纪后，欧洲的超高层大厦还是有了明显的增加。1990 年前（推倒柏林墙之前），150 米以上的超高层大厦仅有 21 座，但 2000 年以来新建数量达到 108 座，占目前总数的四分之三。

表 6-2 显示的欧洲超高层大厦前 10 名中，有 8 座（分别在英国、俄罗斯、土耳其及西班牙）建于 2005 年以后。

和中东类似，俄罗斯依靠 21 世纪前 10 年石油和天然气价格上涨

赚取的丰厚资金，开启了超高层大厦建设热潮。20 世纪 50 年代的苏联建造了象征社会主义的超高层大厦（斯大林主导），而 21 世纪的俄罗斯建造的是象征资本主义的超高层大厦。

表 6-2 欧洲超高层大厦前 10 名（2014 年末统计）

顺序	建筑名称	所在地	高度（米）	层数	完成时间	主要用途
1	水星城大厦	俄罗斯莫斯科	339	75	2013	住宅、办公
2	夏德大厦	英国伦敦	306	73	2013	住宅、宾馆、办公
3	莫斯科大厦	俄罗斯莫斯科	302	76	2010	住宅
4	纳比惠赞那亚楼C座	俄罗斯莫斯科	268	61	2007	办公
5	凯旋宫大厦	俄罗斯莫斯科	264	61	2005	宾馆、住宅
6	蓝宝石大厦	土耳其伊斯坦布尔	261	55	2010	住宅
7	商业银行大厦	德国法兰克福	259	56	1997	办公
8	圣彼得堡大厦	俄罗斯莫斯科	257.2	65	2010	住宅
9	商品交易会大厦	德国法兰克福	256.5	64	1990	办公
10	马德里水晶大厦	西班牙马德里	249	50	2008	办公

伦敦中心城区的超高层大厦

2000 年以前，欧洲的超高层大厦多集中在德国的法兰克福和法国的拉德芳斯地区。作为德国第一的商业城市，法兰克福以国际金融中心闻名，拉德芳斯地区则位于布满历史街道的巴黎近郊，属于重新开发区域。

　　和巴黎类似，伦敦的超高层大厦建设也在城市东部码头区等远离市中心的区域进行。通过第四章我们了解到，由于伦敦中心城区实施了严格的高度限制，超高层大厦的建设基本处于停滞状态。但20世纪80年代撒切尔夫人执政时期放宽了限制政策，码头区成为重新开发的重点之一。

　　经济全球化使城市间的竞争越发激烈，要求在更加便利的城市中心建设超高层大厦的争论在欧洲各地展开。

　　伦敦中心城区的经济、金融中心地位逐渐下降，由于担心投资流向码头区和其他地区，在中心城区建设超高层大厦的呼声此起彼伏。在这一背景下提出的规划方案之一就是高385.6米、共96层的伦敦千禧大厦。1996年，建筑师诺曼·福斯特设计的方案成了伦敦中心地带是否应存在超高层建筑之争的导火索。

　　1998年，伦敦规划咨询委员会回应了英国政府的咨询。"超高层大厦不过是显示财富、权势及影响力的工具而已""只有赋予二线城市权势的时候，超高层大厦才必不可少"，明确表达伦敦不需要超高层大厦的看法；强调即使企业从中心城区流向码头区，也不会对伦敦经济带来不利影响。委员会指出国际都市伦敦的优势"不仅在于经济实力，还包含丰富多样的文化"，进而指出，无论是否建设超高层大厦，"都不会影响伦敦特有的城市魅力和与之融为一体的城区风貌"（矢作弘，"伦敦超高层大厦的争论"，福川裕一等著，《可持续发展的城市》）。

　　结果，千禧大厦计划最终未能实现。2004年，高180米的瑞士再保险公司总部大厦（圣玛丽艾克斯30号大楼）在同一块用地上投入使用，设计师就是设计千禧大厦的诺曼·福斯特。这座大厦外形像腌黄瓜，故被称作"小黄瓜"，它给伦敦以圣保罗大教堂为主的空间轮廓带来很大的变化。圣保罗大教堂的牧师担心这座大厦会压过大教堂的圆顶，

左：圣玛丽艾克斯 30 号大楼。摄影：中井检裕　右：碎片大厦。摄影：中井检裕

深感忧虑。

从此之后，伦敦中心地带启动了超高层大厦建设。2004 年，市长肯·利文斯通提出，超高层大厦有利于实现城市小型化，表明通过区域限制将超高层大厦招揽至城市中心区的想法。

政策的转变推动了大厦的建设，如今伦敦 12 座高 150 米以上的大厦中，有 5 座建在市中心及其附近。

2013 年建成的碎片大厦就是其中之一。这座大厦隔泰晤士河与中心城区相望，高 306 米（73 层），位居欧洲第二（数据截至 2014 年底）。前面说过，石油货币掀起了 2000 年以后的超高层大厦热潮，碎片大厦的建设资金同样来自中东的石油货币。

巴黎放宽限制与开发超高层大厦

如上章所述，以 20 世纪 70 年代初期建设的高 209 米的蒙帕纳斯大楼为契机，为保护巴黎市内传统的城市景观，政府进一步强化了高度限制。市内高度被限制在 37 米之内（重新开发区域），高层大厦只能建在市外的拉德芳斯地区。

拉德芳斯同样是重新开发地区，这里以高 110 米的新凯旋门为中心，高度 100 米以上的超高层大厦鳞次栉比。1989 年，为纪念法国革命 200 年建造了新凯旋门，它坐落在连接罗浮宫博物馆前小凯旋门和明星广场凯旋门的那条历史悠久的延长线上，成了新巴黎城市圈的象征。

2008 年，巴黎市长贝特朗·德拉诺埃宣布放宽限制政策，提议在沿城市外围道路的 6 个地方建设 150 至 200 米高的商业或办公大厦，以及 50 米高的住宅，并得到了市议会的批准。究其原因，还是由于市内长期存在办公场所不足，致使企业流向外地或国外。另一方面，城市中心地带住宅用于办公的情况不断增加，又出现了住宅不足的问题。

这项限制政策的放宽，被认为是倒退回争相建设高层大厦的上世纪 70 年代，引起一片哗然，反对声浪不绝于耳。在 2004 年的一项调查中，有六成市民反对发展高层建筑。

但开发活动仍在继续进行，开发项目之一的三角塔，就是在市区西南部商品交易会旧址上规划的一座高 200 米、带玻璃幕墙的三角锥形超高层大厦。其余规划也在进行，不过所有项目的开发区域都不在香榭丽舍等城市中心地带，而是位于郊区四周的道路两侧。虽说这些都立足于对蒙帕纳斯大楼的反省的基础上，但反对意见依然很强烈。

日本超高层大厦的现状

进入 21 世纪，日本的超高层大厦建设也活跃起来。随着世界范围内城市竞争的加剧，日本政府将放宽容积率限制等手段作为泡沫崩溃后的经济对策。在东京、大阪、名古屋等城市中心区的重新开发中，高层大厦开始向市中心回归，类似前面提到的伦敦和巴黎。

到 2014 年底，日本国内高度在 150 米以上的建筑物有 190 座，比欧洲的总数（146 座）还多，但远不及中国（1105 座）。中国拥有 29 座 300 米以上的超高层建筑，而日本 300 米以上的建筑只有 2014 年竣工的阿倍野 HARUKASU 大厦（300 米）。在超高层大厦建设方面，日本已日渐式微。

沿海地区超高层大厦的开发

在被阿倍野 HARUKASU 大厦超越之前，1993 年建成的横滨地标大厦（296 米）一直占据着日本大厦高度第一的宝座。

表 6-3 日本超高层大厦前 10 名（截至 2014 年末）

顺序	建筑名称	所在地	高度（米）	层数	完成时间	主要用途
1	阿倍野 HARUKASU 大厦	大阪 阿倍野	300	60	2014	宾馆、办公、商业
2	横滨地标 大厦	横滨 未来港	296	73	1993	宾馆、办公、商业
3	临空门 大厦	大阪 临空城	256	56	1996	宾馆、办公
4	大阪世贸中心（现大阪府咲洲厅舍）	大阪 宇宙广场	256	55	1995	办公
5	虎门山	东京 虎门	256	52	2014	宾馆、住宅、办公、商业
6	中城 大厦	东京 赤坂	248	54	2007	宾馆、办公
7	中部地方广场 大厦	名古屋 车站前	247	48	2007	办公、商业
8	JR 中央 大厦	名古屋 车站前	245	51	2000	办公、商业
9	东京都政府第一办公大楼	东京 西新宿	243	48	1991	办公
10	太阳城 60	东京 池袋	240	60	1978	办公

20 世纪 90 年代中期建成的超高层大厦，以位于横滨未来港地区的横滨地标大厦为代表，包括临空门大厦（大阪临空城）、大阪世贸中心大厦（宇宙广场地区）等，很多都将位置选在远离市中心的沿海开发区。开发超高层大厦成了解决土地不足和过分集中等弊病的方式。另一方面，在泡沫经济时期，土地不足导致市中心的国有土地也挂牌上市。建于防卫厅旧址的中城大厦（高248 米，2007 年竣工）、国铁调车场旧址的汐留以及品川一系列超高层大厦的开发，都在泡沫经济崩溃后有所进展。

上：横滨地标大厦。摄影：著者
下：阿倍野 HARUKASU 大厦。摄影：著者

泡沫经济崩溃后的限制放宽与超高层大厦回归城市中心

泡沫经济崩溃后，政府放宽了各种政策来恢复经济。为了促进不良债权土地的流动和有效使用，又放宽了容积率限制。东京、大阪及名古屋市中心均得以重新开发，超高层大厦也相继拔地而起。

图 6-6 显示了东京都中心区建造 60 米以上建筑物的工程数量变化。20 世纪 90 年代基本每年都在 30 座以下，2000 年真正放宽限制后，大幅度增加到每年 40 至 70 座。大部分 60 米以上的高层建筑建于 2002

丸之内的空间轮廓。摄影：著者

年后约 10 年的时间里，但几乎没有 200 米以上的建筑。

航空法限制的巨大影响是日本没有 300 米以上大厦的原因之一，以东京为例，为确保羽田机场航班的起降安全，在一定范围内实施了高度限制，该限制也影响到了对超高层大厦有需求的城市中心地带。所以在建筑高度方面，日本与世界的竞争之路最初就被堵死了，企业和开发商关注的不是高度，而是容积率的放宽，这成了一种必然。

通过这一系列的开发活动，东京都中心区的空间轮廓发生了很大变化。20 世纪 90 年代末，丸之内开始进行重新开发，近年来又在推动 150 至 200 米规模的超高层大厦建设。曾经引发美观争论的东京海上大厦（见第五章）已经被周围的建筑淹没，不再引人注目。

1997 年，丸大厦（1923 年竣工）被拆除，2002 年，高 180 米的新丸大厦取而代之。东京海上大厦曾是丸之内一带唯一超过百米的大厦，而如今，包括新丸大厦在内，已增至约 30 座（截至 2013 年）。

丸之内地区发展高层建筑时，为重点保留 1959 年"丸之内综合改造规划"之后建造的限高 31 米的街道，采用在 31 米高的墩座（低层部分）上将墙后移的方法承载高层部分，对街区重新开发（若从明治时期的赤炼瓦开发算起，该地已反复开发过数次）。

在上一章我们看到，20 世纪 60 年代以后，建筑周围有空地的"公园之塔"型高层大厦被人们视为理想建筑，但这种空地其实未必都

图 6-6 东京都高层建筑数量变化（高度超过 60 米）

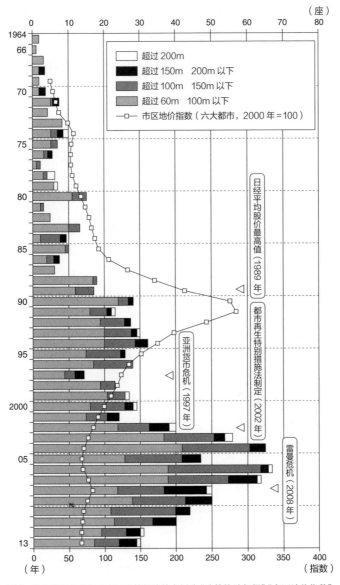

引自：东京都都市整备局市区建筑部建筑企划编"建筑统计年报""市区地价指数"

有利于城市环境。过于开阔的空地不便利用，往往会变成缺少人气的荒凉广场。丸之内的重新开发，是在反省公园之塔模式的基础上进行的，它保持建筑立于原有街道两侧，并谋求向高层发展。

具有讽刺意味的是，31 米限高的街道在 20 世纪 60 年代被看作落后于时代之物，现在却被当成历史遗产，成了赋予街道生命力和繁华的重要因素，得到积极的评价。

放宽容积率的必要条件除了配套的开放空间，还要保留具有历史意义的建筑物。比如政府将 1934 年竣工的明治生命馆认定为重要的文化遗产，放宽了相邻地段高层大厦的容积率。1968 年拆除的旧三菱一号馆，则借 2009 年重新开发之机恢复原貌。这些改变都得益于容积率的放宽。

独立式塔楼的现状

尽管高层建筑数量在不断增加，但电视塔和观景塔等独立式塔楼的建设却在 20 世纪 90 年代滑落谷底。2000 年后全球建造了总计 688 座高 200 米以上的超高层大厦，同期新建的独立式塔楼却只有 9 座。

塔楼建设减少的原因是三四百米的超高层大厦增多，在其顶部安装天线便可当作电视塔使用（前面我们介绍过，北美缺少独立式电视塔的原因也在于此）。

20 世纪中叶之后，电视塔曾是最高的建筑。

但在今天，世界最高的建筑物是超高层大厦——哈利法塔。在同处中东地区的科威特，高于解放塔（电视塔，高 372 米）的阿尔哈姆拉塔（高 413 米）也属于超高层大厦。将视线转向东亚，在上海东方明珠电视塔旁，上海中心大厦（高 632 米）正在建设中。在吉隆坡，高 452 米的双子塔超出吉隆坡塔（电视塔，1996 年竣工）约 30 米。

在这种全球性大趋势中，2012 年建成、高 634 米的东京晴空塔，可以说是一个特例。

表 6-4 各年代新建 200 米以上超高层大厦及独立式塔楼数量的对比

时间	高层建筑（座）	独立式塔楼（座）
20 世纪 60 年代	11	9
20 世纪 70 年代	44	11
20 世纪 80 年代	64	12
20 世纪 90 年代	108	22
21 世纪 00 年代	298	5
21 世纪 10 年代	390	4
总计	929	63

根据世界高层建筑与都市人居协会的高层建筑数据制表

东京晴空塔

建设东京晴空塔的直接起因，是 1998 年邮政省(现总务省)出台《数字广播恳谈会报告》，决定将电视和广播向数字化发展。地面电视信号数字化于 1998 年 9 月始于英国，同年 11 月美国开始应用，已成为一种全球趋势。

为使地面数字信号覆盖整个关东地区，600 米高的电视塔不可或缺——和之前模拟信号使用的 VHF 频段不同，UHF 频段直线传输能力更强。为缩短到达距离，必须从更高的位置发射，高 333 米的东京塔发射能力明显不足。

因此，负责东京塔运营的日本电视塔公司首先提出在相邻地带设置新的 700 米高电视塔的构想。随后，其他地区也提出了相关方案，以新宿次中心区为首，多摩部、琦玉新市中心、丰岛区、练马区、足立区、秋叶原、台东区及墨田区等不同地区，都开始竞标建设电视塔。

2006 年 3 月，东京广播电视台组织的"东京 6 家公司新塔推动协商会议"召开，确定了包括东武铁道墨田区押上的货物铁路用地在内的 6.4 公顷建设用地。选中墨田区，主要因为这里靠近市中心，而且干扰较少，方便解决技术性问题。

不过，确定东武铁道公司成为该项目的建设方，成为墨田区中标的关键。

东京广播电视台方面不直接参与塔的建设和运营，而采取付费租用房间的形式（与之前的东京塔相同）。通过竞争被选为建设地的一方负责寻找电视塔建设和运营的委托方，并确定建设资金来源。尽管很多地区有建设积极性，但缺乏资金保障能力，最具可落地性的，即是墨田区押上。

对电视台而言，建筑新塔最为理想，但继续使用东京塔也没有问题。实际上，很多地区只是想借建筑新塔提升当地的声望，如果没有这一层原因，恐怕新塔就不会建成，发射工作依然会一如既往地由东京塔承担（事实是，改为数字传送后的一段时间内，仍可以通过东京塔顺利发射电波）。

相对于独立式电视塔，在 600 米的超高层大厦屋顶安装天线更加划算。市中心地带（主要是都心 3 区）对建筑用地的需求旺盛，但其中大部分区域受航空法的高度限制，缺乏可行性。反过来说，不受航空法影响的区域，安装天线的需求也相对较弱。用独立式电视塔而非高层大厦替代东京塔，还是缘于东京自身的实际情况。

广州塔与晴空塔

新电视塔最初拟定的名称是"墨田区塔"，设定高度为 610 米（与

东京晴空塔。摄影：著者

第五章中 NHK 梦想建设的电视塔同高）。2008 年经公开征集，正式命名为"东京晴空塔"。次年 10 月，高度由 610 米变更为 634 米，因为"634"和"武藏古国"的日语读音相似。

　　增加高度还有一个原因，那就是中国同期正在建设一座独立式电视塔——广州塔。广州塔的规划高度也是 610 米（在航空管理局的要求下，广州塔最终比原规划降低了 10 米，建成高度为 600 米）。这是一场围绕亚洲第一塔宝座的竞争。

　　在设计上，广州塔为长鼓型钢管结构，设计风格令人联想到神户塔。东京晴空塔同为钢管结构，但并非长鼓形，亦非东京塔那样的棱锥体。如果做成棱锥体，在地面需要的面积大小相当于边长 200 米的正方形，但建设用地呈细长状，而且没有余量。采用欧洲钢筋混凝土结构的圆筒形可减少建筑面积，但重量会远大于钢结构，可能出现龟裂等问题。于是决定采用钢管结构，将地面向上至 300 米左右的平面做成边长 68 米的正三角形。由于一开始就将位置选在拥挤的市区，为了在并不宽裕的用地上将塔建成，可说颇费了一番脑筋。600 多米的高塔耸立在极度拥挤的房屋之间，其景观和欧洲远离市中心的电视塔大不相同。

　　20 世纪 50 年代，日本开始播放电视节目之初，东京的 NHK、日本电视及 TBS 电视塔也都耸立于市区中央。此外，虽然东京塔位于芝公园内，但其建在公园一端，实际上也相当于建在市中心。可以说，东京晴空塔沿袭了传统电视塔在东京的建设方式。

东京塔独有的价值

随着东京晴空塔的建成，东京塔的角色发生了重大变化，不仅视觉上的标志性地位不保，原有的电视塔功能也被取代（但还留有应急的后备功能，并可继续发送 FM 广播等电波）。

但是，尽管标志性地位和使用功能有所削弱，但正如电影《三丁目不落的夕阳》所展现的那样，东京塔作为昭和时期的象征，将独有的眷恋和乡愁留在了世间。

2008 年，东京塔迎来建塔 50 周年；2013 年，政府依照文物保护法将其登记为物质文化遗产。

文部科学省公布的《物质文化遗产登记标准》规定，对于建筑、土木结构物及其他建造物，基本的认定原则是：建成超过 50 年，而且符合下列条件的其中一项：（1）有益于国土历史景观；（2）成为造型标准；（3）不易再现。在经济快速增长期，造型极具领先性、象征未来的东京塔，确实正在过渡为历史建筑。

对电视塔等塔楼进行文化遗产登记，东京塔并非首例。2005 年和 2007 年，日本最早的集约电视塔——名古屋电视塔以及通天阁，就先后完成了登记（2014 年，神户港塔也登记成功）。

科威特和伊朗电视塔的世界发声

本书开篇介绍的是中东古代文明，结尾还要回归到这片土地。

虽然中东也建造了电视塔，但作用和含义有别于他国。科威特的解放塔和伊朗的默德塔就是其中的代表。

左：科威特塔。
摄影：共同通讯社
右：默德塔。
摄影：ESLAMIRAD Mohammad/
GAMMA/aflo.com

在中东为数不多的产油国之一——科威特首都的中心地带，耸立着高 372 米的电视塔——解放塔，比东京塔高出近 40 米。

这座电视塔被称为"科威特电信塔"，1987 年开始建设，1990 年 8 月，伊拉克对科威特的入侵引发了海湾战争，工程建设被迫中断。战后于 1993 年重新开工，塔名变更为"解放塔"，1996 年建成。最初只是作为城市地标性建筑，后来又被赋予了纪念打败伊拉克的象征意义。

科威特还有一座受海湾战争影响的塔楼，这就是伊拉克入侵后不久即遭受攻击的科威特塔。它 1979 年建在面向波斯湾的公园内，由两座高度分别为 187 米和 147 米的供水塔组成。

虽然塔的主要功用是供水，但其富有象征性的设计超越了实用性。巨型球体串在圆柱形的塔身上，表面被伊斯兰教建筑常用的蓝色瓷砖覆盖。这些巨型球体是储水罐，储水量高达 4500 立方米。较高的一座有大小两个球体，123 米高处的小球体中设有旋转咖啡厅和观景台。

为何要让供水塔具有象征性呢？

科威特的大半国土处在沙漠地带，没有河流。降水稀少这一先天不足使保护水资源成了国家发展的当务之急，有必要将海水蒸馏工厂提炼的清水储存在供水罐里。供水管道和石油同为掌控科威特未来的生命线，因此供水塔成了象征性建筑。

还有一点，科威特于 1961 年脱离英国获得独立，第二年便规划了科威特塔。建造充满伊斯兰教色彩的塔楼，也是对摆脱欧洲列强统治的纪念。

伊朗的地标建筑默德塔

2008 年，伊朗首都德黑兰西北部建成了高 435 米的默德塔，它由钢筋混凝土建造，形状类似加拿大国家电视塔。塔身 120 米高处装有天线，300 米高处还设有观景台。观景台看上去也相当于一座高达 12 层的巨型建筑。这座塔是集通信、贸易及观光于一身的综合性地标建筑，塔底设有国际会议大厅。

另一座位于阿扎迪广场的阿扎迪塔，也作为德黑兰的象征性建筑而闻名。这是一座高约 50 米的拱形混凝土塔，1971 年，为纪念波斯帝国建国 2500 周年，巴列维王朝第二代国王穆罕默德·礼萨沙·巴列维下令修建。可以说，这座塔是 1979 年伊朗革命前君主制度时期的象征，革命后的政府赋予了默德塔新的象征意义。

末章　反思高层建筑

巴别塔。图片来源：视觉中国

如前所述，人类建造高层建筑的动机五花八门。建筑物的高度在有意无意间附上了形形色色的意义。

建筑物的高度和发展高层建筑的意义，大致可从建造方（创造高度的一方）和使用方（享受高度的一方）两方面来考虑。

对前者来说，高层建筑是炫耀权力的象征、彰显权威的手段、能力的体现、经济利益的来源、国家或城市间的竞争工具。对后者来说，高层建筑提高了他们的身份，赋予他们眺望的权利，城市也因此更新了景观轮廓。从中可以归纳出以下七个重点：

权力

本能

经济性

竞争

个性

视角

景观

权力

"人类只有通过遗留下来的古迹展示自己的伟大。"（托马斯·维·列文，《摩天大楼和美国的欲望》）正如拿破仑一世的这句至理名言所说，古往今来的当政者都通过建造巨型建筑炫耀自己的权力。

建造巨型建筑必须投入众多的劳动力和高度的技术，非常适合向世人展示统治者掌握的一切。建筑评论家迪扬·司吉克指出，"在美景中留下建筑物的痕迹，和行使政治权力都是意志的体现，是互相依存的"（《巨型建筑的欲望》），认为建设建筑与行使权力的心理背景相似。巨型建筑和当权者，可以说是一对相辅相成的亲密组合。

巨型建筑象征的权力种类，因时代和地域的不同而形态各异。

最初，这类建筑主要象征宗教权威。象征神灵化身的法老金字塔、连接地面与天堂的金字形神塔、天主教的哥特式大教堂、藏有释迦牟尼舍利的佛塔等，人们看到这些规模宏伟的高大建筑，就会暗暗地感觉到世上存在一种超越人类的力量。国王和神职人员利用这些来夸耀自己的能力，从中获益。

在16世纪宗教改革后的欧洲，巨型纪念建筑代表国家的威望。

从19世纪末开始，伴随着资本主义经济的发展，企业不断建设高层写字楼和住宅，高层建筑逐渐世俗化、大众化。代表这个时代的产业领军企业成为建造高层建筑的先锋。比如位于纽约的克莱斯勒大厦和意大利的倍耐力大厦。它们都是汽车社会全面到来后应运而生的相关企业的总部。位于芝加哥的西尔斯大厦则是象征战后美国消费文化的西尔斯百货公司的总部。1990年以后，充分获利于石油货币的国营或政府下属的能源企业，在中东、东南亚、俄罗斯等地建起了超高层大厦。

20世纪初，以纳粹德国为代表的极权主义国家打着激发国民自豪感的旗号，规划建设了诸如凯旋门、大礼堂之类的巨型建筑。冷战时期的苏联奥斯坦金诺电视塔和东德的柏林电视塔，则是社会主义和共产主义意识形态的产物。

高层建筑是权力的象征，在任何国家皆是如此。

屹立在美国首都华盛顿哥伦比亚特区中心、方尖碑式的华盛顿纪念碑象征着美国的国家理念，也是各联邦的纽带。20 世纪 80 年代，法国总统密特朗在香榭丽舍大街中轴线上建起新凯旋门，这同样是领导人将自己的影响铭刻于城市的纪念碑，和拿破仑一世以及拿破仑三世并无不同。

新的政治体制诞生之际，很多人通过拆毁象征过去权力的建筑物的方式，显示自己的正统性。例如，苏联在斯大林时期拆除象征旧体制的基督救世主大教堂，在其旧址上建起歌颂共产党的苏维埃宫殿。日本明治维新后，政府将各地的天守阁作为封建时期的遗物，改作军事用地、行政设施，也推动了近代国家的发展。

还有些当权者没有破坏之前当权者建造的巨型建筑物，而是建造更高的新建筑，以此夸耀自己的权威。

拿破仑一世建造的凯旋门（约 50 米）据说是刻意设计得高于古罗马凯旋门，而希特勒在柏林规划的凯旋门更是达到拿破仑凯旋门的两倍多（约 120 米）。朝鲜首都平壤的金日成凯旋门比巴黎凯旋门高出 10 米，成为一大观光景点。前述密特朗的新凯旋门，也达到了老凯旋门的两倍多（约 110 米）。

在历史上，以"禁止"高层建筑来显示权力的事也屡见不鲜。

目光转向日本，德川幕府时期的一国一城令，原则上就是对城市建设和修缮的禁令，市民也因为身份原因被禁止建设 3 层的住宅。

20 世纪 60 年代中期的丸之内美观争论中，准备在皇室的护城河边建设的东京海上大厦就曾遭到非议，原因是从大厦上可以俯瞰皇居内里，被认为是对天皇的"不敬"。这件事足以说明，建筑的高度显示着某种权力（第五章讲述美观争论时并未提及这一点）。

来看看中世纪的欧洲。11 世纪，威廉一世征服英格兰后建起数百座城堡，其子亨利一世则禁止未经许可私建城堡。在 12 至 14 世纪的意大利，豪族和贵族竞相建设塔楼，自治政府掌权后，又开始禁止建造高于市政府和法院的塔楼。如此限高意味着私人建筑不能影响城市的整体轮廓。

本能

　　高层建筑的历史，也是坍塌和烧毁的历史。建筑物不堪自身之重造成的自然坍塌，由地震引起的倒塌，被雷击烧毁的大教堂、佛塔、钟塔数不胜数（近年来，恐怖袭击也成为风险之一）。这些毁坏的建筑在日后的重建过程中，会被更高的建筑取代。

　　冒着被毁坏的风险，高层建筑依然广有需求，这是为什么呢？

　　宗教学家米歇尔·伊利亚德认为，人们已经强烈意识到以由上至下的轴为中心的直立姿势，能够向前后、左右、上下各方的空间延伸（《世界宗教史1》上卷）。也就是说，人们意识到在直立的姿势下，重力束缚了人的存在，对高度的憧憬是与生俱来的。从另一个角度来看，具有宗教作用的金字形神塔和哥特式大教堂都曾是最高的建筑，这表达出人们对神的敬畏和对超现实存在的居住领域的憧憬。

　　也有一种见解认为，人类追求高度是为了克服重力的束缚。建筑史学家诺伯舒兹曾说过"支配地面上的存在，是人类面对重力现实的一种表现"，建筑行为是"人类表现出的征服自然的能力"（《存在·空间·建筑》）。

　　玛格达·里夫斯·亚历山大指出，如果只是为了实用，中世纪的意大利塔楼完全没有必要建得那么高。可以说，建塔是"人类难以抗拒的冲动"（《塔的精神》）。

　　19世纪的英国美术评论家、思想家约翰·拉斯金说："建筑师掌握了技术，便有了建造高楼的倾向。这并非源自宗教思想，只不过是基于激情奔放的精神和力量。就像虚荣心驱使的载歌载舞一样——有种小孩用积木盖起大楼的感觉。"（约翰·拉斯金，《1853年11月爱丁堡举办的建筑与绘画讲座》）。这种感觉"犹如面朝高大的树木或崇山峻岭，因建筑物本身的庄严、高大、强悍而激情奔放、欢欣鼓舞"（同前书）。

摩天大楼黎明时期的建筑师路易斯·沙利文谈到，高层大厦的特征是"笔直的高度拔地而起，激起兴奋的热望，饱含奔放之美"。如果不谙这个朴素的原理，就会将之视为"庸俗伤感、生硬笨拙、形状奇特的怪物"。这简直是"对人类优秀创造力的否定，或者说是一种侮辱"（《沙利文自传》）。

换言之，建造高层建筑的冲动是"挑战人类视觉极限、探求未知世界的冒险"（托马斯·维·列文，《摩天大楼与美国的欲望》）。这种冲动"带来了建筑技术的进步，支撑着金字塔、金字形神塔、大教堂、摩天大楼等各个时代先进巨型建筑的建设"。

对建设者们来说，高层建筑也许可以引以为荣。比如，建造金字塔的劳动者因心甘情愿为法老和神灵劳作被载入碑文。这跟大教堂的建设有异曲同工之妙，宗教带来的欢欣成了劳动的动力。

再来看看设计者们。无论是为圣彼得大教堂奉献晚年的米开朗基罗，还是为圣家族大教堂耗尽后半生的安东尼奥·高迪，支撑他们建设热情的，都是虔诚的信仰。

讴歌产业技术进步的世界博览会的象征性建筑——水晶宫和埃菲尔铁塔都是划时代的新产业社会和先进技术水平的视觉体现。近代以后，商务写字楼、电视塔以及观景塔等充斥先进技术的高层建筑，成为设计者发挥技术能力的对象。

经济性

高层建筑也会产生经济效益。发展高层建筑是从土地获取最大化利益的合理方法，看过超高层大厦林立的岛屿或半岛——如曼哈顿、香港、新加坡等地便会发现，向高层发展，能将有限的土地高效利用。

建造高层楼房牟利的方法在古罗马时期就已有之，解决罗马市内人口增长的高层公寓"因苏拉"，就曾成为投资的对象。

高层建筑产生经济效益的成功范例，是 19 世纪末以来芝加哥和纽约的摩天大楼，但后期供过于求，又成为地价和租金下降的原因之一。从此以后，经济核算成为决定楼房高度的主要因素。

经过严谨的经济核算，建设超高层建筑成了经济发展的象征。经济发展促进城市建筑向高层延伸，超高层建筑也常被公认为是经济发展的标志。美国高层建筑与城市住宅委员会的安东尼·伍德认为"建设摩天大楼是一个国家达到世界先进水平、跻身世界先进国家行列的重要标志"（M. 拉姆斯塔，"进化中的摩天大楼"，《日经科学别册》189 号）。20 世纪初的纽约、经济快速增长期的日本、改革开放后的中国、石油货币滚滚而来的中东和俄罗斯……可以说迄今为止的每一次超高层大厦建设热潮，都代表着各个时期新兴国家的崛起。

需要注意的是，经济发展催生超高层大厦，但反之并不成立。城市经济学家爱德华·格莱泽对此做了如下的论述："在发展成功的城市里，建设项目会显著增加。经济活力激发人们向更高的空间投资，建设者们更是乐此不疲。然而建筑并非带来必然的成功。在那些已经供过于求、经济衰退的城市里一味增建楼房，无疑是愚蠢的决策。"（《城市是人类的最高发明》）

超高层建筑是经济发展的象征，同时也是经济由盛转衰的信号。很多人说，世界第一的超高层大厦，总是在经济衰退中诞生。例如1929 年克莱斯勒大厦建设之时，股票暴跌引发了全球性经济危机；1973 年西尔斯大厦建设之时，第一次石油危机爆发；1997 年高度超过西尔斯大厦的吉隆坡双子塔建设之时，亚洲金融风暴降临；2009 年哈利法塔建设之时，爆发了迪拜债务危机，等等。

当然，建设超高层大厦并非经济危机的直接原因。但好景总有终焉之日，超高层大厦的建设始于经济兴盛，终于经济衰退，造成了这种看似有迹可循的现象。

竞争

高层建筑既是国家城市间竞争的手段，又是城市内部竞争的手段。

在中世纪欧洲，各城市的大教堂尖塔、塔状住宅、钟楼竞相比高。在佛罗伦萨和锡耶纳，贵族们竞相修建塔状住宅，同时破坏敌对集团的高塔。在建设市政厅塔的时候，锡耶纳刻意将其建得比竞争城市佛罗伦萨的市政厅塔略高一筹。

到了现代，世界城市间的竞争日益激化。在国际化的经济形势之下，不少建造超高层大厦的城市成了世界经济中心。除了中国、印度、中东各国等新兴国家，就连原本并不积极的法国和英国，也在巴黎和伦敦建起了超高层大厦，以提高国际竞争力。迪拜的哈利法塔、台北101大厦、伦敦碎片大厦均在超高层大厦排名中名列前茅，这些城市得以在全世界崭露头角。将高层建筑作为国际经济中心象征的做法古已有之，当年位于地中海经济和交通中心的古亚历山大，就建造了著名的亚历山大灯塔。

建造更高建筑的行为，被公认为是有目的的竞争。纽约的克莱斯勒大厦和帝国大厦、希特勒大礼堂和斯大林的苏维埃宫殿（均未建成）、上海环球金融中心和台北101大厦、东京晴空塔和广州塔等案例不胜枚举。

迪拜的哈利法塔直到封顶的前一刻都没有公布最终的高度，就是担心被其他大厦超越。穆罕默德酋长一语道破其中奥秘——搞成第二就毫无意义了。对业主而言，世界第一高度远比经济收益更加重要，其存在感使高度的竞争更加白热化。

个性

高层建筑还能加强人们对故土的热爱和对城市的依恋，成为夸耀和自豪的噱头，有时甚至是人们心灵的寄托。

在欧洲的城市里，教堂和市政厅都是面对市中心的广场建造的。教堂的尖塔和市政厅的钟表塔在市民心中是"统一共同体的象征"。"市政厅的钟表塔上，巨型数字表盘显示的时刻，是共同体的每位成员步调统一的象征"（前田爱，《城市空间中的文学》），促使市民自律。在意大利，人们将"祖国的骄傲"称为"campanilismo"，这个词源于教会的"钟表塔"一词。可见其对市民的崇高意义。

在近世日本，城代表大名的权威。德川治世时，城的军事作用已经减弱，只被赋予特定的象征意义。正如民俗学家柳田国男在《明治、大正史世相篇》中论述的那样："即使住在低矮家庭里的人，也会动辄为自己的城而自豪。这个作用日显重要，渐渐取代了防御的目的。"天守阁成为城下町居民的骄傲，激发了他们的乡情。如今，日本各地纷纷保存或复原天守阁。天守阁的遗址浸透了地域历史文化，备受青睐。象征意义的典型例子就是会津若松的鹤城，这座城于1874年宣布废城，但一直是会津人的"精神支柱"（会津市长横山武），1965年终于得以重建。

即使不是故乡或居住地的楼房，高大的建筑也可以成为心灵的寄托。1099年十字军攻占耶路撒冷，被迫逃往叙利亚首都大马士革的穆斯林民众在逃亡路上远远望见倭马亚清真寺三座光塔的一瞬间，生出了这样的感叹："立刻展开祈祷用的绒毯，五体投地匍匐其上，感谢万能的真主拯救了我们！"（阿敏·马卢夫，《阿拉伯人眼中的十字军东征》）

近千年后的第二次世界大战后期，巴黎解放时，进入巴黎的法军将士们看到了埃菲尔铁塔，"坦克、装甲车和卡车全都像被磁石吸引一般加快了行进的速度"（多米尼克·拉皮埃尔等著，《巴黎烧了吗？》）。对他们而言，埃菲尔铁塔是"法兰西不朽的见证"，"象征着法兰西人民不屈不挠的希望和勇气"。

高层建筑还有"复兴象征"的作用。第二次世界大战后，日本重建天守阁，兴起了昭和筑城热潮。东京塔、名古屋电视塔、通天阁如雨后春笋般拔地而起，无不具有战后复兴的象征意义。

高度还可以用来宣示意志。2001年遭到恐怖袭击的世界贸易中心遗址上，建起了世界贸易中心一号大楼（当时名为自由塔），其高度是1776英尺（541米）。该高度与美国发表独立宣言的1776年相呼应，强调了自由的国家理念，明确宣示美国反对恐怖主义的坚定决心。

高层建筑的存在成为人们的心灵寄托，也遭到了另一部分人的否定。反对建设埃菲尔铁塔和摩天大楼的运动、丸之内的美观争论，当今围绕高层建筑发生的各种纷争……这些都说明市容的巨变导致物理和时间上连续性的丧失，给人们心理带来了不安和焦虑。

在某些情况下，这种心理抵触会随时间逐渐改变，高层建筑也会被接受甚至欢迎。起初反对建设埃菲尔铁塔的大多是知识分子，现在这座铁塔已经成为巴黎不可或缺的地标性建筑。正如法国文学研究者松浦寿辉指出的那样："今天，埃菲尔铁塔给人们留下的'印象'和巴黎的'印象'相互交融，这种'以实物代表文化'的现象是全世界文化圈都未曾出现过的，流通、更新、消费、再生产亦是如此。"（《试论埃菲尔铁塔》）人们已很难分清究竟是巴黎的埃菲尔铁塔，还是埃菲尔铁塔的巴黎，双方已完全融合在一起。

要将一座建筑尽收视野，必须拉开一定距离远眺。同理，一座地标性建筑必须经历一定的时间，才能真正得到人们的认可和喜爱。

视角

高层建筑还为人们提供了鸟瞰城市景色的机会。

从高处鸟瞰城市景色，过去是一部分特权人物专享的权利。其实从山丘高岗上也能远望，但能从天守阁、教堂钟楼或清真寺光塔等人工建筑物上登高望远的人少之又少。到了近代，高层建筑日趋大众化，一般市民才有了这样的机会。

提到观景塔，可举埃菲尔铁塔等为例，还有帝国大厦的观景台。在日本，始于浅草十二层（凌云阁）的观景塔颇受欢迎，大正以后的百货大楼屋顶平台也都被用以观景。

纵观现代的高层建筑，以观光目的复原的天守阁、东京塔之类的电视塔、飞船型的太空针塔等观景塔、写字楼楼顶平台的观景室……诸如此类所有能用于瞭望的空间都被人们用来俯瞰城市风光。不少超高层住宅中，可以极目远眺的顶端楼层因视野辽阔，价格被炒得虚高。

综上所述，高层建筑的意义也从"万众瞩目"扩展成了"俯瞰四方"。鸟瞰城市容貌，会改变人们对一座城市的印象。

超高层建筑唤起了人们登高远眺的欲望，远眺的刺激又逐渐转变为追求更高的欲望。如此循环往复，形成了城市活力的源泉。

景观

高层建筑是城市的地标，从各个角度都能远望，因此也成为构成城市空间轮廓的重要景观要素。

然而，并非单凭高度就能成为地标，地标的形成还取决于建筑本身与周围建筑物的关系。城市规划专家凯文·林奇指出："具备清晰的形状，和背景形成鲜明对照，空间配置格外出色的东西，更容易被认定为地标建筑。"（《城市的印象》）换言之，如果一座建筑周围的楼宇不断增加，就会将其埋没。法老胡夫的金字塔、沙特尔大教堂、埃菲尔铁

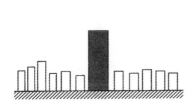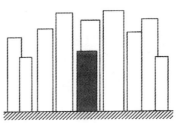

地标被淹没的概念图。著者自制

塔等地标性建筑的周围都不存在其他的高大建筑，就是最好的证明。

也有些地标性建筑因为与地形融为一体而引人注目。位于雅典卫城的帕特农神庙，以及四面环海、岩石孤山上的圣米歇尔修道院就像建在山上的天守阁，成为依山而立的杰出地标性建筑。

本书将地标性建筑称为"图"，其他建筑物称为"地"。将"图"和"地"有机地结合起来，就构成了以地标性建筑为中心的城市景观。

但是20世纪后，随着超高层大厦越来越多，"地"的高度不断增加，给地标性建筑带来了诸多影响。19世纪末以前，华尔街的三一教堂一直是纽约的地标性建筑，但后来逐渐被伍尔沃斯大厦、克莱斯勒大厦、帝国大厦取代。小说家亨利·詹姆斯就曾惋叹三一教堂被埋没在摩天大楼之中。如今，世人皆知摩天大楼已经成为纽约的象征。社会心理学家安瑟伦·施特劳斯说，要在电影中表现纽约，只需在银幕上映出几秒钟摩天大楼的镜头即可。摩天大楼构成的空间轮廓，已经成为纽约的固定标识。

然而，高层建筑既能制造景观，又能破坏景观。随着"地"不断向高层发展，不少以地标性建筑为核心的空间轮廓受到影响，围绕高层建筑的景观争论和建筑纠纷在世界各地屡见不鲜。20世纪30年代的伦敦，为保存大教堂圆顶的远景效果，政府对圣保罗大教堂周围的建筑限高。20世纪70年代，巴黎建设蒙帕纳斯大楼时也加强了限制。在欧洲，为避免对教堂和市政厅的景观产生不良影响，很多电波发射塔都远离中世纪以来保留至今的历史街道。

高层建筑衍生的景观问题至今仍然很严峻。尽管本书未曾涉及，但仅从列入世界遗产的景观来看，德国的科隆大教堂、俄罗斯的圣彼得堡大教堂周围、广岛原子弹爆炸纪念馆周围都出现过围绕高层建筑的景观争论。

景观问题受观赏人的评价和价值观影响，很难简单判定孰是孰非。但是，人们价值观和评价的构成大多取决于所受教育程度、生活环境以及生活的时代。换言之，所谓景观不单是肉眼可见的美景，更是生活阅历的沉淀。"场所"和"历史"的交互是全人类共有的。从这个意义上说，高层建筑和景观的问题，也可以说是如何把握和继承该地区固有场所和历史的问题。

结　语

　　大约十年前，我开始关注建筑物的限高，因为我认为这是保护地区景观和居住环境的有效方法。不过最初我就曾抱有疑问："人类为什么要建高层建筑？""建筑的高度究竟意味着什么？"计划一份合理的限高方案，必须首先弄清这些疑问，于是我执笔写成了这本《高的历程》。

　　如本书所述，人们热衷于高层建筑，今后也会一如既往地建设新的高层项目。在今天，高层建筑已经不足为奇，应当关注的是建筑投下的光影，及其对城市的影响。

　　一座座建筑深刻影响着生活在里面的人的记忆，一份份记忆汇总成对一片土地和地区的印象，印象又形成人们的身份基础。可以说，建筑物本身存在着追求更高的共性。

　　法国作家维克多·雨果曾经这样描述："任何一座建筑物都有两个重要组成部分，即实用性和美观性。实用性属于产权人，美观则属于所有人。"（约瑟夫·L.萨克斯，《在"伦勃朗"玩投镖游戏的人们》）

　　雨果用了"美观"这个词，强调建筑物不只是私有财产，还具有公共性的存在意义。特别是高层建筑在城市中占据广阔的空间，会给人们对土地的记忆带来很大的影响。人们不禁会问，今后的高层建筑该如何获取其公共性呢？特别是人口日益减少的日本，已没有必要不断建设高楼大厦，这就促使我们反思高层建筑的作用和意义。本书如能引发读者思考城市街区的高度和高层建筑的含义，进而思考未来城市面貌的话，也就不负不才我的一番努力了。

最后，我想感谢那些为本书的出版做过贡献的所有同仁，尤其要感谢指导我博士论文的导师中井检裕先生在我撰写本书的过程中屡屡亲躬赐教。还有现属研究室的大野隆造先生，给我诸多鼓励和自由的撰稿时间。我对两位恩师的感激之情无以言表。

本书的付梓，还得益于高中时代的同学大越裕和加藤弘士所赐良机，在此衷心感谢二位的盛情。

以及讲谈社的堀泽加奈女士，在长达两年半的过程中给予我认真恳切的帮助和充满温情的鼓励，在此深表感谢！

二〇一五年一月
大泽昭彦

图书在版编目（ＣＩＰ）数据

　　高的历程 ／（日）大泽昭彦著；郭曙光，洪利亭译
．—— 海口：南海出版公司，2019.11
　　ISBN 978-7-5442-6789-2

　　Ⅰ．①高… Ⅱ．①大… ②郭… ③洪… Ⅲ．①建筑艺
术 – 世界 Ⅳ．①TU–861

　　中国版本图书馆CIP数据核字（2019）第135698号

著作权合同登记号　图字：30-2019-049

高的历程

〔日〕大泽昭彦 著
郭曙光 洪利亭 译

出　　版　南海出版公司　（0898）66568511
　　　　　海口市海秀中路51号星华大厦五楼　邮编 570206
发　　行　新经典发行有限公司
　　　　　电话(010)68423599　邮箱 editor@readinglife.com
经　　销　新华书店

责任编辑　翟明明
特邀编辑　烨　伊　李文彬　孙雅甜
装帧设计　陈绮清
内文制作　田晓波

印　　刷　山东鸿君杰文化发展有限公司
开　　本　850毫米×1168毫米　1/32
印　　张　8.5
字　　数　210千
版　　次　2019年11月第1版
印　　次　2019年11月第1次印刷
书　　号　ISBN 978-7-5442-6789-2
定　　价　59.50元